AF377797

ALMANACH

ET

CALENDRIER MÉTÉOROLOGIQUE

POUR

L'ANNÉE 1870,

A L'USAGE

DE L'HOMME DES MERS ET DE L'HOMME DES CHAMPS,

PAR

F.-V. RASPAIL,

DÉPUTÉ DE LYON.

PARIS	**BRUXELLES**
CHEZ L'ÉDITEUR DES OUVRAGES	A L'OFFICE DE PUBLICITÉ
de M. Raspail,	LIBRAIRIE NOUVELLE
14, RUE DU TEMPLE 14,	39, rue Montagne de la Cour, 39
(près de l'Hôtel de Ville).	

AVERTISSEMENT

Le nouveau *système de Météorologie*, que j'ai découvert dans ma prison de Doullens (Somme) et que j'ai commencé à démontrer, en 1854, dans la *Revue complémentaire des Sciences*, à *Boitsfort*, près Bruxelles, a eu, dans le monde savant, le même sort que toutes mes découvertes précédentes, c'est-à-dire de réveiller la haine de mes pieux ennemis, et les plagiats de leurs serviles, une fois que la conviction a eu pénétré dans le Corps des savants du monopole et du cumul.

Je les en félicite tous et j'en suis tout consolé ; je désire vivre assez longtemps pour leur fournir une occasion nouvelle de donner à mes idées un même genre de vulgarisation.

Mais, à cette occasion, voici deux exemples singuliers de plagiats tout récents, et plus ou moins heureux, à l'académie des savants à gros cumuls et à grande piété, tels qu'ils se présentent sous ma plume.

Les lecteurs de cet almanach n'ont pas perdu le souvenir de la démonstration de l'illusion qui a duré depuis Huyghens jusqu'à ce jour, et qui a fait croire à la merveille d'un anneau entourant en certain temps la planète Saturne ; c'était, dans les cours académiques, une merveille admise comme unique dans son genre parmi les corps célestes. Eh bien ! nous croyons avoir démontré, dans l'*Almanach* pour 1869, page 117, que cet anneau était dû à un simple jeu d'optique de la réflexion des rayons solaires sur la portion transparente de la planète et qui paraît et disparaît selon les incidences des rayons solaires ; j'avais en même temps fait construire un petit appareil, qui mettait dans tout son jour la démonstration. J'avais déjà indiqué ce fait dans l'almanach précédent pour 1867, page 121.

Or, voici que le 12 juillet, un monsieur, dont le nom m'a l'air d'une plaisanterie, adresse à l'académie des sciences de mon doux Jésus une note pour présenter le fait par nos lecteurs très-connu, sous une dénomination d'un autre genre de plaisanterie, le tout accompagné d'un appareil. L'académie refuse de lire la communication, sous le prétexte qu'elle n'était pas présentée avec le patronage de l'un de ses pieux membres ; c'était une manière de ne pas lui dire : que la conjuration du silence, qui lui est imposé par la sacrosainte congrégation du *syllabus*, lui impose le devoir de ne parler d'une découverte émanée d'un hérétique qu'après qu'elle a été ballottée pendant des années d'un plagiat à l'autre. Alors l'auteur commence une série de ces ballottages, d'abord en faisant imprimer sa lettre dans la *Réforme scientifique*, et puis dans le *Siècle*, le journal notre plus lourd ennemi, ainsi que vous le savez déjà. Les autres ballottages viendront ensuite.

Or, c'est la même académie qui vient de se laisser berner par un de ses membres, M. Chasles, qui n'a pas reculé devant le rôle de complice d'un faussaire, dont il vient de reconnaître la mauvaise foi, d'assez mauvaise grâce il est vrai, et cela après avoir consacré 536 pages du texte des *comptes rendus des séances*, à reproduire les attaques du monde savant et les réponses obstinées dudit M. Chasles, qui chaque fois abusait de l'indulgence de son ami le président, pour insérer de longues lettres reconnues aujourd'hui d'une insigne fausseté. Je conseille aux immortels de soustraire à l'immortalité une pareille honte, en donnant une édition expurgée de leurs *comptes rendus*.

Mais j'ai un exemple plus officiel d'un autre larcin et sur une plus grande échelle, qui a suivi de près ce premier ; c'est encore ici un pseudonyme, mais dans le genre nobiliaire, et qui, dans le petit *Journal officiel* des 20 et 21 août 1869, consacre, à copier notre système météorologique, d'abord deux colonnes et demie (20 août), et puis (21 août et sous prétexte d'oubli) quatre colonnes et demie, sans prendre la peine de citer notre nom, crainte de se brûler les doigts au bûcher d'un hérétique ; *sic itur ad astra* (ainsi marche l'astronomie officielle).

C'est ainsi que le despotisme, qui règne un peu partout, s'est mis à trôner dans l'académie, afin de couper court à la citation de tout nom hérétique.

Dans les *Almanachs météorologiques* que je publie depuis 1865, j'ai mis à la portée du public l'application des grandes idées de réformes météorologiques, et j'ai été assez heureux de voir que ce n'est pas en pure perte.

Les ouvriers instruits comptent entre eux par le *système républicain*, si simple et si facile, qui est, après le *système métrique*, le plus bel héritage qui nous soit resté de la première époque de notre grande rénovation sociale.

La plupart des journaux de province, imitant la préférence des ouvriers ou cédant à leurs instances, ont adopté la méthode de faire marcher de front, en tête de leurs numéros, d'un côté, les indications du *calendrier grégorien*, si absurde dans son mélange de légendes de saints hypothétiques et de souvenirs du paganisme, et, de l'autre côté, les indications de l'année, des mois et jours du *calendrier républicain*. Je désire que bientôt le dernier calendrier nous débarrasse du premier ; et dorénavant, dans les lettres que j'aurai à répondre, je ne daterai plus que d'après le calendrier de la grande *République française* ; ce que n'a pas osé faire notre petit semblant de *République* de 1848, qu'ont exploitée à leur profit, dès le lende-

main de sa proclamation, les jésuites, cette plaie hon-
teuse de l'humanité... Je lui en avais pourtant donné
l'exemple dans mes *deux almanachs* de 1849 et 1850.
Mais que pouvait alors la voix d'un prisonnier politique
auprès de la bande de traitres de nos premiers combats sous Louis-Philippe Ier et dernier, s'il plaît à Dieu?

Dans *l'introduction explicative* de l'*Almanach* de
1865, j'ai reentrepris de démontrer la supériorité incontestable du *calendrier républicain* sur le *calendrier grégorien*, et les inconséquences de celui-ci,
que Napoléon Ier eut le tort impardonnable de rétablir,
par suite du bien plus impardonnable rapport du sénateur Laplace, lui qui avait juré haine à mort à la royauté,
en venant à la barre de la convention nationale.

J'ai continué ce chapitre dans l'*introduction* des almanachs de 1866 et 1867 ; et, dans les *notions prélimi-
naires* de 1869, j'ai tâché d'expliquer le *comput ecclé-
siastique* avec ses variations annuelles (*).

Notre *avertissement*, cette année, sera court, ce qui
nous laissera de la place pour augmenter le texte. Nous
conseillons à nos lecteurs de noter chaque jour les observations particulières de leurs localités, à la marge de
l'un ou de l'autre des trois tableaux de calendrier que
renferme ce livre ; ces observations pourront leur être
utiles ainsi qu'à nous.

Cette année, un accident survenu à ma main droite,
par suite d'une expérience malheureuse, a fait que,
pour la rédaction de mes tableaux, j'ai dû avoir recours
à l'aide de mon fils Xavier.

(*) On peut se procurer des exemplaires de ces divers calendriers à la librairie, *rue du Temple*, 14, *à Paris*.

N° I.

L'année 1870 correspond :

Aux neuf derniers mois de l'année LXXVIII et aux trois premiers de l'année LXXIX de l'ère républicaine, qui a commencé le 22 septembre 1792 à minuit ;

A l'année 6583 de la période julienne ;

A l'an 2646 des olympiades ou la 2e année de la 662e olympiade (*) ;

A l'an 2523e de la fondation de Rome, selon Varron ;

A l'an 1286 des Turcs ou de l'Hégyre (**) qui a commencé le 13 avril 1869, et à l'année 1287 qui commencera le 3 avril 1870.

N° II.

COMPUT ECCLÉSIASTIQUE.		QUATRE-TEMPS.	
Nombre d'or en 1870.	9	Mars............	9, 11 et 12
Épacte	XXVIII	Juin............	8, 10 et 11
Cycle solaire	3	Septembre......	21, 23 et 24
Indiction romaine....	13	Décembre	14, 16 et 17
Lettre dominicale....	B		

(*) OLYMPIADE, espace de quatre ans entiers entre deux jeux olympiques, dans l'ancienne Grèce. La chronologie comptait par olympiade et par quart d'olympiade (1re année, 2e année, 3e année et 4e année de telle ou telle olympiade). Les Romains comptaient par LUSTRE, espace de cinq ans compris entre deux époques expiatoires. Notre langue, toujours un peu prétentieuse et académique dans son exquise politesse, a retenu cette locution abréviative pour désigner un âge qui n'est plus le printemps et qui n'est pas encore l'automne : « *J'ai huit lustres* » dispense de dire : « *J'ai quarante ans ;* » l'énigme est un faux-fuyant qui retarde l'aveu.

(**) D'où est venu notre mot d'*ère*. HÉGYRE, en arabe, signifie *fuite*, c'est-à-dire, le jour de la fuite de Mahomet, qui, persécuté à la Mecque, commença sa mission en se retirant à *Yatreb*, aujourd'hui *Médine*.

FÊTES MOBILES.

Septuagésime. 13 février	Pentecôte .... 5 juin
Cendres ..... 2 mars	Trinité ...... 12 juin
Pâques...... 17 avril	Fête-Dieu.... 16 juin
Rogations.... 23, 24 et 25 mai	1er dimanche
Ascension ... 26 mai	de l'Avent. 27 novembre.

Nº III.

COMMENCEMENT DES QUATRE SAISONS EN 1870.

TEMPS MOYEN DE PARIS.

Printemps.... le 20 mars, à 7 h. 41 m. du soir.
Été.......... le 21 juin, à 4 h. 5 m. du soir.
Automne..... le 23 septembre à 6 h. 18 m. du matin.
Hiver .... le 22 décembre à 0 h. 22 m. du matin.

Nº IV.

Il y aura, en 1870, quatre éclipses de soleil et deux éclipses de lune :

1°, le 17 janvier, éclipse totale de Lune, en partie visible à Paris, au lever de la lune, vers 5 h. 46 m. du matin.

2°, le 31 janvier, éclipse partielle de soleil, invisible à Paris.

3°, le 28 juin, éclipse partielle de Soleil, invisible à Paris, visible à la Nouvelle-Zélande.

4°, le 12 juillet, éclipse totale de lune, visible à Paris, de 8 h. 35 m. du soir à minuit 33 m. du matin.

5°, le 28 juillet, éclipse partielle de soleil, invisible à Paris, visible en Sibérie.

6°, le 22 décembre, éclipse totale de soleil, partielle à Paris, de 11 h. 19 m. du matin à 1 h. 57 m. du soir; visible aux environs de Tunis et complétement à Batnâ et Oran.

N° V.

EXPLICATION DES ABRÉVIATIONS ET SIGNIFICATION DES MOTS EMPLOYÉS DANS LES DIVERS CALENDRIERS DE CE LIVRE.

Conjug. — CONJUGAISON, époque à laquelle la lune et le soleil sont dans le plan du même degré de latitude terrestre, c'est-à-dire au même degré de déclinaison.

Eq. L. — ÉQUILUNE, époque à laquelle la lune se trouve sur la ligne équinoxiale ou équateur, c'est-à-dire à 0° de déclinaison.

Équinoxe. — Époque à laquelle le soleil se trouve sur la ligne équinoxiale, c'est-à-dire à 0° de déclinaison, de manière que les nuits (*noctes*) soient égales (*æquæ*) aux jours. Le soleil passe deux fois chaque année sur cette ligne; l'une qui détermine le commencement de la saison du printemps (*équinoxe du printemps*) et l'autre celui de la saison d'automne (*équinoxe d'automne*).

L. A. — LUNESTICE AUSTRAL, époque à laquelle la lune a atteint son plus haut degré de déclinaison ou sa plus grande distance de l'équateur dans la région australe du ciel.

L. B. — LUNESTICE BORÉAL, époque à laquelle la lune

1.

a atteint son plus haut degré de déclinaison ou sa plus grande distance de l'équateur dans la région boréale du ciel.

N. L. — NOUVELLE LUNE (*néoménie*), lune en conjonction avec le soleil ; époque où la lune et le soleil se trouvent sur la même longitude.

P. L. — PLEINE LUNE, lune en opposition diamétrale avec le soleil, c'est-à-dire se trouvant à 180° de la longitude du soleil.

N. B. On appelle ces deux phases les Syzygies.

P. Q. — PREMIER QUARTIER, époque où la lune passe au méridien à 6ʰ du soir, et où sa moitié éclairée regarde le couchant.

D. Q. — DERNIER QUARTIER, époque où la lune passe au méridien à 6ʰ du matin et où sa moitié éclairée regarde le levant.

N. B. Dans les QUARTIERS, les longitudes de la lune et du soleil diffèrent de 90° : on les appelle aussi les QUADRATURES, vu que la distance de 90° est le quart du cercle divisé en 360°.

SOLSTICE. — Époque où le soleil a atteint son plus grand degré de déclinaison, c'est-à-dire sa plus grande distance de la ligne équinoxiale, soit dans la région boréale (*solstice d'été* où commence la saison de l'été), soit dans la région australe (*solstice d'hiver* où commence la saison de l'hiver).

APOGÉE. — Époque où le soleil et la lune sont à leur plus grande distance de la terre.

PÉRIGÉE. — Époque où le soleil et la lune sont à leur moindre distance de la terre. Dans le Calendrier météorologique, ces deux indications ne s'appliquent qu'à la lune. Les périgées et apogées reviennent à peu près aux mêmes époques de l'année solaire tous les 9 ans, ou mieux tous les 18 ans.

j. = Jour.

h. = Heure.

m. = Minute.

° (en haut d'un chiffre) = Degré de la division adoptée pour la mesure du cercle ou d'un instrument météorologique. — Exemple : 20° de latitude = vingtième degré du cercle méridien divisé en 360 parties égales ; 20° centigrade = vingtième degré du tube thermométrique sur lequel la distance du point de la glace fondante au point d'ébullition a été divisée en cent parties égales.

PHASES. — Ce mot, qui signifie en grec *apparences*, sert à désigner les *syzygies* et les *quadratures*, ces quatre principaux aspects de la lune.

POINTS LUNAIRES. — Ce mot désigne, outre la conjugaison, les positions de la lune qui sont analogues aux équinoxes et aux solstices.

Bar. — BAROMÈTRE, instrument destiné à mesurer la hauteur ou pesanteur de la colonne ou cône atmosphérique, par la hauteur de la colonne de mercure qui lui fait contre-poids (du grec *baros* pesanteur et *metron* mesure).

Ther. — THERMOMÈTRE, instrument destiné à évaluer

l'élévation ou l'abaissement de la température de l'air (de *thermè* chaleur et *metron* mesure).

Météorologique (Calendrier). — Partie du calendrier qui indique les phases et les points lunaires, comme points de repère pour prévoir avec une certaine probabilité les changements et phénomènes atmosphériques.

Mois solaire. — Nombre de jours variable de 28 à 31 dans le Calendrier grégorien ou Calendrier catholique, et invariable (de 30 jours) dans le Calendrier républicain.

Mois lunaire synodique. — Nombre de jours et heures que la lune met à revenir en conjonction avec le soleil ; ces mois lunaires sont presque alternativement de 29 et de 30 jours dans les calendriers, vu que le mois synodique est de 29 jours 12^h 44^m environ.

Mois lunaire périodique. — Nombre de jours et heures que la lune met à faire le tour du zodiaque, c'est-à-dire à revenir au point du zodiaque d'où elle était partie. Ce mois est de 27 jours 7^h 45^m environ. C'est pour nous le vrai mois météorologique, celui qui reproduit aux mêmes époques les mêmes dépressions atmosphériques, c'est-à-dire qui détermine les mêmes tendances à l'élévation ou à l'abaissement de la colonne barométrique. Il est rationnel de le compter d'un lunestice austral (L. A.) à l'autre. Les lunestices reviennent, à peu près, aux mêmes époques de l'année solaire, tous les 19 ans.

AXIOMES DE MÉTÉOROLOGIE

POUR L'INTELLIGENCE DE L'ALMANACH MÉTÉOROLOGIQUE (*).

1º Les phénomènes météorologiques découlent tous de la compression que les atmosphères éthérées, spécialement celles de la lune et du soleil, et accessoirement celles des autres planètes, exercent, en parcourant leur orbite, sur l'atmosphère éthérée de notre globe;

2º La colonne barométrique donne, pour ainsi dire, la mesure de ces compressions;

3º Les nuages arrivent dès que le baromètre baisse ou se maintient au même niveau; ils se séparent et disparaissent dès que le baromètre monte;

4º En descendant dans les couches inférieures de notre atmosphère et en se rapprochant de nous, ils semblent arriver et grandir d'un instant à l'autre; en s'élevant dans l'atmosphère, ils semblent se rapetisser et disparaître;

5º La tendance de la colonne barométrique à monter se manifeste depuis chaque *équilune* (Eq. L.) à l'un ou l'autre *lunestice* (L. A. ou L. B.); la tendance de la colonne barométrique à descendre a lieu de chaque *lunestice* à l'*équilune;* cependant en hiver la marche descendante se continue quelque temps après l'équilune vers le lunestice austral;

6º La marche ascendante ou descendante de la colonne barométrique est interrompue par les quartiers (P. Q. et D. Q.) de la lune et la descendante par les syzygies (N. L. et P. L.);

(*) Ces axiomes sont des applications pratiques des principes du NOUVEAU SYSTÈME DE MÉTÉOROLOGIE que nous avons développés dans la *Revue complémentaire des sciences appliquées* de 1854 à 1860, et dont nous avons donné un ample résumé dans les trois almanachs qui précèdent celui de l'année 1868. — Nous y renvoyons nos lecteurs.

7° La colonne barométrique descend un à deux jours avant, et un à deux jours après les syzygies, beaucoup plus bas à la nouvelle lune (N. L.) qu'à la pleine lune (P. L.);

8° Les *périgées* de la lune et du soleil accroissent la tendance à la baisse de la colonne barométrique, et les *apogées* la tendance à la hausse. De là vient qu'en hiver, et du fait du soleil, le mauvais temps est presque la règle générale, et le beau temps en été; le soleil arrive l'hiver à son périgée, et l'été à son apogée. Il en est de même de l'influence des *périgées* et des *apogées* de la lune, qui se succèdent chaque mois; car le mois est l'année de la lune. Les périgées de la lune augmentent l'intensité du mauvais temps et diminuent l'intensité du beau. Les apogées de la lune ajoutent au caractère du beau et diminuent l'intensité du mauvais;

9° Il survient un changement de temps et une interruption à l'ascension et à l'abaissement de la colonne barométrique tous les trois jours, durée de la vague atmosphérique;

10° Le baromètre descend également à l'époque de la *conjugaison* (conjug.);

11° Il faut s'attendre à de grandes tempêtes quand les deux astres marchent à la fois de l'équilune (Éq. L.) au lunestice austral (L. A.), et quand l'équilune (Éq. L.) correspond aux syzygies, surtout aux équinoxes;

12° Les différences qu'on pourra observer entre les phénomènes météorologiques de l'année 1870 et les observations de l'année 1813, année correspondante de 1870 dans la période lunaire de 19 ans, tiennent d'abord à la différence des *périgées* et des *apogées*, qui ne concordent que tous les 9 ans, mais surtout à l'apparition d'une comète pendant l'une ou l'autre de ces deux années. L'apparition d'une comète amène, en général, une chaleur et une sécheresse exceptionnelles, causes d'épidémie et de choléra, et sa disparition des pluies diluviennes;

13° Quand vous verrez le baromètre continuer à baisser sans apparition de nuages, l'horizon se charger d'un brouillard sec et chaleureux, les nuages monter, fondre en l'air et disparaître à mesure qu'ils arrivent, prononcez hardiment qu'il apparaît une comète, et l'événement confirmera votre prédiction.

CONCORDANCE

ou

TRIPLE CALENDRIER

GRÉGORIEN

RÉPUBLICAIN

ET

MÉTÉOROLOGIQUE (*)

POUR L'ANNÉE 1870

———

(*) Le *Calendrier grégorien* est le calendrier légal en France depuis 1806. Le *Calendrier républicain* a été le calendrier légal de 1792, ou plutôt 1793, jusqu'en 1806, c'est-à-dire pendant près de treize ans d'exercice sur toute l'étendue du territoire français d'alors.

An 1870 CALENDRIER GRÉGORIEN			An LXXVIII et LXXIX CALENDR. RÉPUBLICAIN ET AGENDA AGRICOLE			j. lunaires	Phases lunaires.	Points lunaires et solaires.
JANVIER			**NIVOSE**					
1	sam.	CIRCONCISION	11	prim.	Pois.	30		L. A. Quasi-conj
2	dim.	st Basile, év.	12	duodi.	Argile.	1	N. L.	
3	lundi.	ste Geneviève	13	tridi.	Ardoise.	2		
4	mardi.	st Rigobert.	14	quart.	Grès.	3		
5	merc.	st Siméon.	15	quint.	LAPIN.	4		
6	jeudi.	LES ROIS.	16	sextidi	Silex.	5		
7	vendr.	ste Mélanie.	17	septidi	Marne.	6		
8	sam.	st Lucien.	18	octidi.	Pierre à ch.	7		Éq. L. Apogée.
9	dim.	st Pierre, év.	19	nonidi	Marbre.	8	P. Q.	
10	lundi.	st Paul, erm.	20	DÉCADI	VAN.	9		
11	mardi.	st Théodose.	21	prim.	Pierre à pl.	10		
12	merc.	st Arcade, m.	22	duodi.	Sel.	11		
13	jeudi.	Bapt. de J.-C.	23	tridi.	Fer.	12		
14	vendr.	st Hilaire, év.	24	quart.	Cuivre.	13		
15	sam.	st Maur, abb.	25	quint.	CHAT.	14		
16	dim.	st Guillaume.	26	sextidi	Étain.	15		L. B.
17	lundi.	st Antoine, ab.	27	septidi	Plomb.	16	P. L.	
18	mardi.	Ch. de st Pier.	28	octidi.	Zinc.	17		
19	merc.	st Sulpice, év.	29	nonidi	Mercure.	18		
20	jeudi.	st Sébastien.	30	DÉCADI	CRIBLE.	19		
			PLUVIOSE					
21	vend.	ste Agnès, v.	1	prim.	Lauréole.	20		Périgée.
22	sam.	st Vincent.	2	duodi.	Mousse.	21		Éq. L.
23	dim.	st Ildefonse.	3	tridi.	Fragon.	22		
24	lundi.	st Babylas.	4	quart.	Perce-neige.	23	D. Q.	
25	mardi.	C. de st Paul.	5	quint.	TAUREAU.	24		
26	merc.	ste Paule, vve.	6	sextidi	Laur.-thym.	25		
27	jeudi.	st Julien, év.	7	septidi	Amadouvier	26		
28	vend.	st Charlemag.	8	octidi.	Mézéréon.	27		
29	sam.	st Fr. de Sal.	9	nonidi	Peuplier.	28		L. A.
30	dim.	ste Bathilde.	10	DÉCADI	COIGNÉE.	29		
31	lundi.	ste Marcelle.	11	prim.	Ellébore.	30	N. L.	Conjug.

PHASES LUNAIRES

N. L. le 2 à 0 h. 15 m. du mat.
P. Q. le 9 à 9 h. 42 m. du soir.
P. L. le 17 à 2 h. 55 m. du soir.
D. Q. le 24 à 10 h. 32 m. du m.
N. L. le 31 à 3 h. 50 m. du soir.

POINTS LUNAIRES

L. A. le 2 à 1 h. du mat.
Eq. L. le 9 à 6 h. du mat.
L. B. le 16 vers midi.

Eq. L. le 22 vers 9 h. s.
L. A. le 29 vers 9 h. du m.
Conjug. le 31 vers min.

An 1870		An LXXVIII				
CALENDRIER GRÉGORIEN		**CALENDR. RÉPUBLICAIN** ET AGENDA AGRICOLE		J. lunaires	Phases lunaires.	**CALENDRIER MÉTÉOROL.** Points lunaires et solaires.
FÉVRIER		**PLUVIOSE**				
1	mardi.	s^t Ignace.	12	duodi.	Brocoli.	1		
2	merc.	PURIFICATION	13	tridi.	Laurier.	2		
3	jeudi.	s^t Blaise.	14	quart.	Aveline.	3		
4	vendr.	s^t Gilbert.	15	quint.	VACHE.	4		
5	sam.	s^te Agathe.	16	sextidi	Buis.	5		Éq. L.
6	dim.	s^t Waast, év.	17	septidi	Lichen.	6		Apogée.
7	lundi.	s^t Romuald.	18	octidi.	If.	7		
8	mardi.	s^t Jean de M.	19	nonidi	Pulmonaire.	8	P. Q.	
9	merc.	s^te Apolline.	20	DÉCADI	SERPETTE	9		
10	jeudi.	s^te Scholastiq.	21	prim.	Thlaspi.	10		
11	vend.	s^t Séverin.	22	duodi.	Thymélée.	11		
12	sam.	s^te Eulalie.	23	tridi.	Chiendent.	12		L. B.
13	dim.	*Septuagésim.*	24	quart.	Traînasse.	13		
14	lundi.	s^t Valentin.	25	quint.	LIÈVRE.	14		
15	mardi.	s^t Faustin.	26	sextidi	Guède.	15		
16	merc.	s^t Flavien.	27	septidi	Noisetier.	16	P. L.	
17	jeudi.	s^t Théodule.	28	octidi.	Ciclamen.	17		Périgée.
18	vendr.	s^t Siméon.	29	nonidi	Chélidoine.	18		
19	sam.	s^t Gabin.	30	DÉCADI	TRAINEAU.	19		Éq. L.
			VENTOSE					
20	dim.	s^t Éleuthère.	1	prim.	Tussilage.	20		
21	lundi.	s^t Pépin.	2	duodi.	Cornouiller.	21		Conjug.
22	mardi.	s^te Isabelle.	3	tridi.	Violier.	22	D. Q.	
23	merc.	s^t Mérant.	4	quart.	Troène.	23		
24	jeudi.	s^t Mathias.	5	quint.	Bouc.	24		
25	vend.	s^t Nicéphore.	6	sextidi	Asaret.	25		L. A.
26	sam.	s^t Nestor.	7	septidi	Alaterne.	26		
27	dim.	s^t Léandre.	8	octidi.	Violette.	27		
28	lundi.	s^te Honorine.	9	nonidi	Marceau.	28		

PHASES LUNAIRES	POINTS LUNAIRES	
P. Q. le 8 à 6 h. 29 m. du soir.	Éq. L. le 5 à 2 h. du s.	Conj. le 21 à 3 h. du m.
P. L. le 16 à 3 h. 37 m. du mat.	L. B. le 12 à 10 h. du s.	L. A. le 25 à 2 h. du s.
D. Q. le 22 à 6 h. 55 m. du soir.	Éq. L. le 19 à 4 h. du m.	

An 1870		An LXXVIII		J. lunaires	Phases lunaires.	Points lunaires et solaires.
CALENDRIER GRÉGORIEN		CALENDR. RÉPUBLICAIN ET AGENDA AGRICOLE				CALENDRIER MÉTÉOROL.
MARS		**VENTOSE**				
1	mardi.	st Aubin.	10 DÉCADI	BÊCHE.	29		
2	merc.	CENDRES.	11 prim.	Narcisse.	1	N. L.	
3	jeudi.	ste Cunégond.	12 duodi.	Orme.	2		Conjug.
4	vendr.	st Casimir.	13 tridi.	Fumeterre.	3		Éq. L.
5	sam.	st Théophile.	14 quart.	Vélar.	4		Apogée.
6	dim.	ste Collette.	15 quint.	CHÈVRE.	5		
7	lundi.	st Thom. d'A.	16 sextidi	Epinard.	6		
8	mardi.	st Jean de D.	17 septidi	Doronic.	7		
9	merc.	ste Françoise.	18 octidi.	Mouron.	8		
10	jeudi.	ste Dorothée.	19 nonidi	Cerfeuil.	9	P. Q.	
11	vendr.	st Euloge.	20 DÉCADI	CORDEAU.	10		
12	sam.	st Grégoire.	21 prim.	Mandragore	11		L. B.
13	dim.	ste Euphrasie	22 duodi.	Persil.	12		
14	lundi.	st Lubin, év.	23 tridi.	Cochléaria.	13		
15	mardi.	st Zacharie.	24 quart.	Pâquerette.	14		
16	mercr.	st Cyriaque.	25 quint.	THON.	15		
17	jeudi.	ste Gertrude.	26 sextidi	Pissenlit.	16	P. L.	Périgée.
18	vendr.	st Alexandre.	27 septidi	Sylvie.	17		Éq. L.
19	sam.	st Joseph.	28 octidi.	Capillaire.	18		Conjug.
20	dim.	st Joachim.	29 nonidi	Frêne.	19		Equinoxe.
21	lundi.	st Benoît, pat.	30 DÉCADI	PLANTOIR.	20		
			GERMINAL				
22	mardi.	st Émile.	1 prim.	Primevère.	21		
23	mercr.	st Victorien.	2 duodi.	Platane.	22		
24	jeudi.	st Simon, ma.	3 tridi.	Asperge.	23	D. Q.	L. A.
25	vendr.	ANNONCIATION	4 quart.	Tulipe.	24		
26	sam.	st Ludger.	5 quint.	POULE.	25		
27	dim.	st Jean, erm.	6 sextidi	Bette.	26		
28	lundi.	st Gontran.	7 septidi	Bouleau.	27		
29	mardi.	st Marc, év.	8 octidi.	Jonquille.	28		
30	merc.	st Rieul.	9 nonidi	Aulne.	29		
31	jeudi.	ste Balbine.	10 DÉCADI	COUVOIR.	30		

PHASES LUNAIRES

N. L. le 2 à 8 h. 49 m. du mat.
P. Q. le 10 à 1 h. 21 m du s.
P. L. le 17 à 2 h. 1 m. du soir.
D. Q. le 24 à 4 h. 47 m. du mat.

POINTS LUNAIRES

Conjug. le 3 vers 7 h. du matin.
Eq. L. le 4 à 8 h. du s.

L. B. le 12 à 7 h. du mat.
Conj. le 18 vers 9 du mat.
Eq. L. le 18 à 1 h. du s.
L. A. le 24 à 8 h. du s.

An 1870 CALENDRIER GRÉGORIEN			An LXXVIII CALENDR. RÉPUBLICAIN ET AGENDA AGRICOLE			CALENDRIER MÉTÉOROL.		
						J. lunaires	Phases lunaires.	Points lunaires et solaires.
AVRIL			**GERMINAL**					
1	vendr.	st Hugues.	11	prim.	Pervenche.	1	N. L.	Éq. L.
2	sam.	st Franç. de P.	12	duodi.	Charme.	2		Apogée.
3	dim.	st Richard.	13	tridi.	Morille.	3		Conjug.
4	lundi	st Ambroise.	14	quart.	Hêtre.	4		
5	mardi.	st Gérard.	15	quint.	ABEILLE.	5		
6	merc.	ste Prudence.	16	sextidi	Laitue.	6		
7	jeudi.	st Romuald.	17	septidi	Mélèze.	7		
8	vendr.	st Edèse.	18	octidi.	Ciguë.	8		L. B.
9	sam.	ste Mar. Égy.	19	nonidi	Radis.	9	P. Q.	
10	dim.	st Macaire.	20	DÉCADI	RUCHE.	10		
11	lundi.	st Léon, pape.	21	prim.	Gaînier.	11		
12	mardi.	st Jules, pape.	22	duod.	Romaine.	12		
13	mercr.	st Marcellin.	23	tridi.	Marronnier.	13		Conjug.
14	jeudi.	st Tiburce.	24	quart.	Roquette.	14		Éq. L.
15	vendr.	st Maxime.	25	quint.	PIGEON.	15	P. L.	Périgée.
16	sam.	st Paterne.	26	sextid.	Lilas.	16		
17	dim.	PAQUES.	27	septid.	Anémone.	17		
18	lundi.	st Parfait, pr.	28	octidi.	Pensée.	18		
19	mardi.	st Timon.	29	nonidi	Myrtille.	19		
20	mercr.	st Théodore.	30	DÉCADI	GREFFOIR.	20		
			FLORÉAL					
21	jeudi.	st Anselme.	1	prim.	Rose.	21		L. A.
22	vendr.	ste Opportune	2	duodi.	Chêne.	22	D. Q.	
23	sam.	st Georges, m.	3	tridi.	Fougère.	23		
24	dim.	st Léger.	4	quart.	Aubépine.	24		
25	lundi.	st Marc, évan.	5	quint.	ROSSIGNOL.	25		
26	mardi.	st Clet, pape.	6	sextid.	Ancolie.	26		
27	mercr.	st Polycarpe.	7	septidi	Muguet.	27		
28	jeudi.	st Vital, mart.	8	octidi.	Champignon	28		Éq. L.
29	vendr.	st Robert, pap	9	nonidi	Hyacinthe.	29		Apogée.
30	sam.	st Eutrope.	10	DÉCADI	RATEAU.	30	N. L.	

PHASES LUNAIRES

N. L. le 1 à 2 h. 7 m. du matin.
P. Q. le 9 à 4 h. 35 m. du mat.
P. L. le 15 à 10 h. 35 m. du soir.
D. Q. le 22 à 4 h. 34 m. du soir.
N. L. le 30 à 6 h. 47 m. du soir.

POINTS LUNAIRES

Eq. L. le 1 à 2 h. du m.
C. le 2 vers 3 h. du m.
L. B. le 8 à 2 h. du soir.
C. le 13 vers 7 h. du m.

Eq. L. le 14 à minuit.
L. A. le 21 à 3 h. du m.
Eq. L. le 28 à 9 h. du m.

| An 1870 | | | An LXXVIII | | | CALENDRIER MÉTÉOROL. | | |
CALENDRIER GRÉGORIEN			CALENDR. RÉPUBLICAIN ET AGENDA AGRICOLE			J. lunaires	Phases lunaires.	Points lunaires et solaires.
MAI			**FLORÉAL**					
1	dim.	st Jacq. st Ph.	11	prim.	Rhubarbe.	1		
2	lundi.	st Athanase.	12	duodi.	Sainfoin.	2		Conjug.
3	mardi.	Inv. Ste Croix.	13	tridi.	Bouton d'or.	3		
4	mercr.	ste Monique.	14	quart.	Chamérisier	4		
5	jeudi.	C. St August.	15	quint.	VER A SOIE.	5		L. B.
6	vendr.	st Jean P.-L.	16	sextidi	Consoude.	6		
7	sam.	st Stanislas.	17	septidi	Pimprenelle	7		
8	dim.	st Désiré, év.	18	octidi.	Corb. d'or.	8	P. Q.	Conjug.
9	lundi.	st Hermas.	19	nonidi	Arroche.	9		
10	mardi.	st Gordien.	20	DÉCADI	SARCLOIR.	10		
11	mercr.	st Mamert.	21	prim.	Staticé.	11		
12	jeudi.	st Epiphane.	22	duodi.	Fritillaire.	12		Éq. L.
13	vendr.	st Servais.	23	tridi.	Bourrache.	13		
14	sam.	st Boniface.	24	quart.	Valériane.	14		Périgée.
15	dim.	st Isidore.	25	quint.	CARPE.	15	P. L.	
16	lundi.	st Honoré.	26	sextidi	Fusain.	16		
17	mardi.	st Pascal.	27	septidi	Civette.	17		
18	mercr.	st Eric, roi.	28	octidi.	Buglose.	18		L. A.
19	jeudi.	st Yves.	29	nonidi	Sénevé.	19		
20	vendr.	st Bernardin.	30	DÉCADI	HOULETTE	20		
			PRAIRIAL					
21	sam.	st Sospice.	1	prim.	Luzerne.	21		
22	dim.	ste Hélène.	2	duodi.	Hémérocalle	22	D. Q.	
23	lundi.	st Didier, év.	3	tridi.	Trèfle.	23		
24	mardi.	st Donatien.	4	quart.	Angélique.	24		
25	mercr.	st Urbin.	5	quint.	CANARD.	25		Éq. L.
26	jeudi.	ASCENSION.	6	sextidi	Mélisse.	26		Apogée.
27	vendr.	st Hildevert.	7	septidi	Fromental.	27		
28	sam.	st Germ., év.	8	octidi.	Martagon.	28		
29	dim.	st Maxime.	9	nonidi	Serpolet.	29		
30	lundi.	ste Emilie.	10	DÉCADI	FAULX.	1	N. L.	
31	mardi.	ste Pétronille	11	prim.	Fraise.	2		

PHASES LUNAIRES	POINTS LUNAIRES	
P. Q. le 8 à 3 h. 17 m. du soir.	Conj. le 2 à 4 h. du m.	Eq. L. le 12 à 11 h. du m.
P. L. le 15 à 6 h. 13 m. du mat.	L. B. le 5 à 9 h. du soir.	L. A. le 18 à midi.
D. Q. le 22 à 6 h. 19 m. du mat.	Conj. le 8 à 8 h. du soir.	Eq. L. le 25 à 4 h. du s.
N. L. le 30 à 10 h. 6 m. du mat.		

An 1870 CALENDRIER GRÉGORIEN			An LXXVIII CALENDR. RÉPUBLICAIN ET AGENDA AGRICOLE			J. lunaires	Phases lunaires.	Points lunaires et solaires.
JUIN			**PRAIRIAL**					
1	mercr.	st Pamphile.	12	duodi.	Bétoine.	3		Quasi-conj
2	jeudi.	st Pothin.	13	tridi.	Pois.	4		L. B.
3	vendr.	ste Clotilde.	14	quart.	Acacia.	5		
4	sam.	st Optat.	15	quint.	CAILLE.	6		
5	dim.	PENTECÔTE.	16	sextidi	Œillet.	7		
6	lundi.	st Claude, év.	17	septidi	Sureau.	8	P. Q.	
7	mardi.	st Lié.	18	octidi.	Pavot.	9		
8	mercr.	st Médard.	19	nonidi	Tilleul.	10		Éq. L.
9	jeudi.	ste Marianne.	20	DÉCADI	FOURCHE.	11		
10	vendr.	st Landri.	21	primi.	Barbeau.	12		
11	sam.	st Barnab. ap.	22	duodi.	Camomille.	13		Périgée.
12	dim.	TRINITÉ.	23	tridi.	Chèvrefeuil.	14		
13	lundi.	st Ant. de P.	24	quart.	Caille-lait.	15	P. L.	
14	mardi.	st Rufin.	25	quinti.	TANCHE.	16		L. A.
15	mercr.	st Modeste.	26	sextidi	Jasmin.	17		
16	jeudi.	FÊTE-DIEU.	27	septidi	Verveine.	18		
17	vendr.	st Avit.	28	octidi.	Thym.	19		
18	sam.	ste Marine, vge	29	nonidi	Pivoine.	20		
19	dim.	st Gerv. st Pr.	30	DÉCADI	CHARIOT.	21		
			MESSIDOR					
20	lundi.	st Silvère.	1	prim.	Seigle.	22	D. Q.	Solstice
21	mar.	st Leufroi.	2	duodi.	Avoine.	23		Éq. L.
22	mercr.	st Alban.	3	tridi.	Oignon.	24		
23	jeudi.	st Jacques.	4	quart.	Véronique.	25		Apogée.
24	vendr.	N. de st J.-B.	5	quint.	MULET.	26		
25	sam.	st Prosper.	6	sextidi	Romarin.	27		
26	dim.	st Babolein.	7	septidi	Concombre.	28		
27	lundi.	st Crescent.	8	octidi.	Echalotte.	29		
28	mardi.	st Irénée.	9	nonidi	Absinthe.	30	N. L.	
29	mercr.	st Pierre st P.	10	DÉCADI	FAUCILLE.	1		L. B. qu.-conjug.
30	jeudi.	C. de st Paul.	11	prim.	Coriandre.	2		

PHASES LUNAIRES	POINTS LUNAIRES	
P. Q. le 6 à 11 h. 26 m. du soir.	Conj. le 1er vers 2 h. s.	Éq. L. le 22 vers 11 h. s.
P. L. le 13 à 1 h. 57 m. du soir.	L. B. le 2 vers 3 h. du m.	L. B. le 29 vers 10 h. ni.
D. Q. le 20 à 9 h. 43 m. du soir.	Éq. L. le 8 vers 8 h. s.	Quasi-conj. le 29, vers
N. L. le 28 à 11 h. 43 m. du soir.	L. A. le 14 vers 11 h. du s.	10 h. du matin.

An 1870 CALENDRIER GRÉGORIEN			An LXXVIII CALENDR. RÉPUBLICAIN ET AGENDA AGRICOLE.			J. lunaires	Phases lunaires	Points lunaires et solaires.
JUILLET			**MESSIDOR**					
1	vendr.	st Léonore.	12	duodi.	Artichaut.	3		
2	sam.	Visit. de la V.	13	tridi.	Giroflée.	4		
3	dim.	st Anatole, év.	14	quart.	Lavande.	5		
4	lundi.	ste Berthe.	15	quint.	CHAMOIS.	6		
5	mardi	ste Zoé, mart.	16	sextidi	Tabac.	7		
6	mercr.	st Tranquillin	17	septidi	Groseille.	8	P. Q.	Éq. L.
7	jeudi.	ste Aubierge.	18	octidi.	Gesse.	9		
8	vendr.	ste Elisabeth	19	nonidi	Cerise.	10		Périgée.
9	sam.	st Cyrille.	20	DÉCADI	PARC.	11		
10	dim.	ste Félicité.	21	prim.	Menthe.	12		
11	lundi.	T. de St Benoît	22	duodi.	Cumin.	13		
12	mardi.	st Gualbert.	23	tridi.	Haricot.	14	P. L.	L. A.
13	mercr.	st Gabriel.	24	quart.	Orcanette.	15		
14	jeudi..	st Bonavent.	25	quint.	PINTADE.	16		
15	vendr.	st Henri, emp.	26	sextidi	Sauge.	17		
16	sam.	st Eustach, év.	27	septidi	Ail.	18		
17	dim.	st Alexis.	28	octidi.	Vesce.	19		
18	lundi.	st Clair.	29	nonidi	Blé.	20		
19	mardi.	st Vinc. de P.	30	DÉCADI	CHALAMIE.	21		Éq. L.
			THERMIDOR					
20	mercr.	ste Marguerit.	1	prim.	Épeautre.	22	D. Q.	Apogée.
21	jeudi.	st Victor, mr.	2	duodi.	Bouillon bl.	23		
22	vendr.	ste Mar.-Mad.	3	tridi.	Melon.	24		
23	sam.	st Apollinaire	4	quart.	Ivraie.	25		
24	dim.	ste Christine.	5	quint.	BÉLIER.	26		Conjug.
25	lundi.	st Jacq. le M.	6	sextidi	Prêle.	27		
26	mardi.	T. de St Marcel	7	septidi	Armoise.	28		L. B.
27	mercr.	st Pantaléon.	8	octidi.	Carthame.	29		
28	jeudi.	ste Anne.	9	nonidi	Mûres.	1	N. L.	Conjug.
29	vendr.	ste Marthe.	10	DÉCADI	ARROSOIR.	2		
30	sam.	st Sylvain.	11	prim.	Panis.	3		
31	dim.	st Germain.	12	duodi.	Salicor.	4		

PHASES LUNAIRES

P. Q. le 6 à 4 h. 40 m. du mat.
P. L. le 12 à 10 h. 45 m. du soir.
D. Q. le 20 à 2 h. 26 m. du soir.
N. L. le 28 à 11 h. 27 m. du mat.

POINTS LUNAIRES

Éq. L. le 6 à 2 h. du m.
L. A. le 12 à 9 h. du m.
Éq. L. le 19 vers 7 h. m.
C. le 24 vers 4 h. du s.
L. B. le 26 à 6 h. du soir.
Conjug. le 28 vers 4 h. du matin.

An **1870** CALENDRIER GRÉGORIEN		An **LXXVIII** CALENDR. RÉPUBLICAIN ET AGENDA AGRICOLE			CALENDRIER MÉTÉOROL.		
					J.lunaires	Phases lunaires.	Points lunaires et solaires.
AOUT		**THERMIDOR**					
1	lundi.	s^te Sophie.	13	tridi.	Abricot.	5		
2	mardi.	s^t Étienne, p.	14	quart.	Basilic.	6		Éq. L.
3	mercr.	s^t Geoffroy.	15	quint.	BREBIS.	7		Périgée.
4	jeudi.	s^t Dominique	16	sextidi	Guimauve.	8	P. Q.	
5	vendr.	s^t Yon.	17	septidi	Lin.	9		
6	sam.	Tr. de N.-S.	18	octidi.	Amande.	10		
7	dim.	s^t Gaëtan.	19	nonidi	Gentiane.	11		
8	lundi.	s^t Justin, m.	20	DÉCADI	ECLUSE.	12		L. A.
9	mardi.	s^t Romain.	21	prim.	Carline.	13		
10	mercr.	s^t Laurent.	22	duodi.	Caprier.	14		
11	jeudi.	E. de la Ste C.	23	tridi.	Lentille.	15	P. L.	
12	vendr.	s^te Claire, v.	24	quart.	Aunée.	16		
13	sam.	s^t Hippolyte.	25	quint.	LOUTRE.	17		
14	dim.	s^t Eusèbe.	26	sextidi	Myrthe.	18		Éq. L.
15	lundi.	ASSOMPTION.	27	septidi	Colza.	19		
16	mardi.	s^t Roch, conf.	28	octidi.	Lupin.	20		
17	mercr.	s^t Mammès.	29	nonidi	Coton.	21		Apogée.
18	jeudi.	s^te Hélène, im.	30	DÉCADI	MOULIN.	22		Conjug.
			FRUCTIDOR					
19	vendr.	s^t Louis, év.	1	prim.	Prune.	23	D. Q.	
20	sam.	s^t Bernard, a.	2	duodi.	Millet.	24		
21	dim.	s^t Privat.	3	tridi.	Lycoperde.	25		
22	lundi.	s^t Symphor.	4	quart.	Escourgeon.	26		
23	mardi.	s^t Sidoine, év.	5	quint.	SAUMON.	27		L. B.
24	mercr.	s^t Barthélemi	6	sextidi	Tubéreuse.	28		
25	jeudi.	s^t Louis, roi.	7	septidi	Sucrion.	29		
26	vendr.	s^t Zéphirin.	8	octidi.	Apocyn.	30	N. L.	
27	sam.	s^t Césaire.	9	nonidi	Réglisse.	1		Conjug.
28	dim.	s^t Augustin.	10	DÉCADI	ECHELLE.	2		Éq. L.
29	lundi.	s^t Médéric, a.	11	prim.	Pastèque.	3		Périgée.
30	mardi.	s^t Fiacre.	12	duodi.	Fenouil.	4		
31	mercr.	s^t Ovide.	13	tridi.	Epine-vinet.	5		

PHASES LUNAIRES

P. Q. le 4 à 9 h. 4 m. du mat.
P. L. le 11 à 9 h. 23 m. du mat.
D. Q. le 19 à 8 h. 0 m. du mat.
N. L. le 26 à 9 h. 35 m. du soir.

POINTS LUNAIRES

Eq. L. le 2 à 7 h. du m.
L. A. le 8 à 5 h. du soir.
Eq. L. le 15 à 3 h. du s.
Conj. le 18 vers 6 h. du s.

L. B. le 23 à 2 h. du m.
Conjug. le 27 vers 4 h. du soir.
Eq. L. le 29 à 1 h. du s.

| An 1870 | An LXXVIII | CALENDRIER MÉTÉOROL. | | |
CALENDRIER GRÉGORIEN	CALENDR. RÉPUBLICAIN ET AGENDA AGRICOLE	J. lunaires	Phases lunaires.	Points lunaires et solaires.
SEPTEMBRE	**FRUCTIDOR**			
1 jeudi. st Lazare.	14 quart. Noix.	6		
2 vendr. st Antonin.	15 quint. GOUJON.	7	P. Q.	
3 sam. st Ambroise.	16 sextidi Orange.	8		
4 dim. ste Rosalie.	17 septidi Cardière.	9		L. A.
5 lundi. st Bertin, ab.	18 octidi. Nerprun.	10		
6 mardi. st Eleuth., p.	19 nonidi Sagette.	11		
7 mercr. st Cloud, pr.	20 DÉCADI HOTTE.	12		
8 jeudi. Nat. de la V.	21 prim. Eglantier.	13		
9 vendr. st Omer, év.	22 duodi. Noisette.	14	P. L.	
10 sam. st Nicolas.	23 tridi. Houblon.	15		
11 dim. st Hyacinthe.	24 quart. Sorgho.	16		Éq. L.
12 lundi. st Raphaël.	25 quint. ECREVISSE.	17		Conjug.
13 mardi. st Maurille.	26 sextidi Bigarrade.	18		
14 mercr. Ex. de la Cr.	27 septidi Verge d'or.	19		Apogée.
15 jeudi. st Nicomède.	28 octidi. Maïs.	20		
16 vendr. ste Euphémie	29 nonidi Marron.	21		
17 samed. st Lambert.	30 DÉCADI CORBEILL.	22		
	Jours complém.			
18 dim. st Jean Chr.	1 prim. De la Vertu.	23	D. Q.	
19 lundi. st Janvier.	2 duodi. Du Génie.	24		L. B.
20 mardi. st Eustache.	3 tridi. Du Travail.	25		
21 mercr. st Mathieu, ap.	4 quart. De l'Opinion	26		
22 jeudi. st Maurice.	5 quint. Des Récomp.	27		
	VENDÉM. (An LXXIX).			
23 vendr. ste Thècle.	1 prim. Raisin.	28		Équin
24 sam. st Andoche.	2 duodi. Safran.	29		
25 dim. st Firmin, év.	3 tridi. Châtaigne.	1	N. L.	Eq. L.
26 lundi. ste Justine.	4 quart. Colchique.	2		Conjug.
27 mardi. st Cosme, st D.	5 quint. CHEVAL.	3		Périgée.
28 mercr. st Venceslas.	6 sextidi Balsamine.	4		
29 jeudi. st Michel, arc.	7 septidi Carotte.	5		
30 vendr. st Jérôme, pr.	8 octidi. Amaranthe.	6		

PHASES LUNAIRES	POINTS LUNAIRES	
P. Q. le 2 à 2 h. 7 m. du soir.	L. A. le 4 vers 10 h. du s.	L. B. le 19 vers 11 h. m.
P. L. le 9 à 10 h. 21 m. du soir.	Eq. L. le 11 vers 10 h. s.	Eq. L. le 25 vers 10 h. s.
D. Q. le 18 à 1 h. 39 m. du mat.	Conjug. le 12 vers 9 h. du soir.	Conjug. le 26 vers 4 h. du matin.
N. L. le 25 à 6 h. 43 m. du mat.		

| An 1870 | | | An LXXIX | | | CALENDRIER MÉTÉOROL. | | |
CALENDRIER GRÉGORIEN			CALENDR. RÉPUBLICAIN ET AGENDA AGRICOLE			J. lunaires	Phases lunaires.	Points lunaires et solaires.
OCTOBRE			**VENDÉMIAIRE**					
1	sam.	st Remy, év.	9	nónidi	Panais.	7	P. Q.	
2	dim.	ss. Anges gar.	10	DÉCADI	CUVE.	8		L. A.
3	lundi.	st Denis l'Ar.	11	prim.	Pomme de t.	9		
4	mardi.	st Franç. d'As.	12	duodi.	Immortelle.	10		
5	mercr.	st Placide.	13	tridi.	Potiron.	11		
6	jeudi.	st Bruno, ins.	14	quart.	Réséda.	12		
7	vendr.	ste Julie.	15	quint.	ANE.	13		Conjug.
8	sam.	st Daniel.	16	sextidi	Belle-de-n.	14		
9	dim.	st Denis, év.	17	septidi	Citrouille.	15	P. L.	Éq. L.
10	lundi.	st Paulin, év.	18	octidi.	Sarrasin.	16		
11	mardi.	st Nicaise.	19	nonidi	Tournesol.	17		
12	mercr.	st Wilfrid.	20	DÉCADI	PRESSOIR.	18		Apogée.
13	jeudi.	st Géraud, c.	21	prim.	Chanvre.	19		
14	vendr.	st Caliste, p.	22	duodi.	Pêche.	20		
15	sam.	ste Thérèse.	23	tridi.	Navet.	21		
16	dim.	st Gal, év.	24	quart.	Amaryllis.	22		L. B.
17	lundi.	st Florent.	25	quint.	BŒUF.	23	D. Q.	
18	mardi.	st Luc, évan.	26	sextidi	Aubergine.	24		
19	mercr.	st Savinien.	27	septidi	Piment.	25		
20	jeudi.	st Caprais.	28	octidi.	Tomate.	26		
21	vendr.	ste Ursule. –	29	nonidi	Orge.	27		
22	sam.	st Mellon, év.	30	DÉCADI	TONNEAU.	28		
			BRUMAIRE					
23	dim.	st Hilarion.	1	prim.	Pomme.	29		Éq. L.
24	lundi.	st Magloire.	2	duodi.	Céleri.	30	N. L.	Conjug.
25	mardi.	ss. Crép. et C.	3	tridi.	Poire.	1		(Périgée.
26	mercr.	st Evariste.	4	quart.	Betterave.	2		
27	jeudi.	st Frumence,	5	quint.	OIE.	3		--
28	vendr.	st Simon.	6	sextidi	Héliotrope.	4		
29	sam.	st Nicaise.	7	septidi	Figue.	5		L. A.
30	dim.	st Lucain.	8	octidi.	Scorsonère.	6		
31	lundi.	stQuentin.	9	nonidi	Alizier.	7	P. Q.	

PHASES LUNAIRES	POINTS LUNAIRES	
P. Q. le 1er à 9 h. 28 m. du soir.		
P. L. le 9 à 1 h. 52 m. du soir.	L. A. le 2 vers 3 h. du m.	Éq. L. le 23 vers 9 h. du matin.
D. Q. le 17 à 6 h. 23 m. du soir.	Conjug. le 7 vers minuit.	
N. L. le 24 à 3 h. 45 m. du soir.	Éq. L. le 9 vers 5 h. m.	C. le 25 vers 1 h. du s.
P. Q. le 31 à 8 h. 11 m. du mat.	L. B. le 16 vers 6 h. du s.	L. A. le 29 vers 10 h. m.

An 1870 CALENDRIER GRÉGORIEN		An LXXIX CALENDR. RÉPUBLICAIN ET AGENDA AGRICOLE		J. lunaires	Phases lunaires.	Points lunaires et solaires.
NOVEMBRE		**BRUMAIRE**				
1 mardi.	TOUSSAINT.	10 DÉCADI	CHARRUE.	8		
2 mercr.	*Trépassés.*	11 prim.	Salsifis.	9		Conjug.
3 jeudi.	st Marcel, év.	12 duodi.	Màcre.	10		
4 vendr.	stCharles, év.	13 tridi.	Topinamb.	11		
5 sam.	ste Bertille.	14 quart.	Endive.	12		Éq. L.
6 dim.	st Léonard.	15 quint.	DINDON.	13		
7 lundi.	st Florent.	16 sextidi	Chervis.	14		
8 mardi.	stes Reliques.	17 septidi	Cresson.	15	P. L.	Apogée.
9 mercr.	st Mathurin.	18 octidi.	Dentelaire.	16		
10 jeudi.	st Léon, pape	19 nonidi	Grenade.	17		
11 vendr.	st Martin, év.	20 DÉCADI	HERSE.	18		
12 sam.	st René.	21 prim.	Bacchante.	19		
13 dim.	st Brice, év.	22 duodi.	Azeroles.	20		L. B.
14 lundi.	st Bertrand.	23 tridi.	Garance.	21		
15 mardi.	st Eugène.	24 quart.	Orange.	22		
16 mercr.	st Edme, arch.	25 quint.	FAISAN.	23	D. Q.	
17 jeudi.	st Agnan, év.	26 sextidi	Pistache.	24		
18 vendr.	st Odon.	27 septidi	Marjonc.	25		
19 sam.	ste Elisabeth.	28 octidi.	Coing.	26		Éq. L.
20 dim.	st Edmond, r.	29 nonidi	Cormier.	27		
21 lundi.	Prés. de la Ve.	30 DÉCADI	ROULEAU.	28		
		FRIMAIRE				
22 mardi.	ste Cécile.	1 prim.	Raiponce.	29		Périgée.
23 mercr.	st Clément.	2 duodi.	Turneps.	1	N. L.	Conjug.
24 jeudi.	st Séverin.	3 tridi.	Chicorée.	2		
25 vendr.	ste Catherine.	4 quart.	Nèfle.	3		L. A,
26 sam.	ste Victorine.	5 quint.	COCHON.	4		
27 dim.	AVENT.	6 sextidi	Màche.	5		
28 lundi.	st Sosthènes.	7 septidi	Chou-fleur.	6		
29 mardi.	st Saturnin.	8 octidi.	Miel.	7	P. Q.	
30 mercr.	stAndré, ap.	9 nonidi	Genièvre.	8		

PHASES LUNAIRES

P. L. le 8 à 7 h. 11 m. du mat.
D. Q. le 16 à 9 h. 8 m. du matin.
N. L. le 23 à 1 h. 30 m. du mat.
P. Q. le 29 à 10 h. 13 m. du soir.

POINTS LUNAIRES

Conjug. le 2 vers 5 h. du matin.
Eq. L. le 5 à 11 h. du m.
L. B. le 13 vers 1 h. du m.
Eq. L. le 19 à 8 h. du s.
Conj. le 23 vers minuit.
L. A. le 25 à 8 h. du soir

An 1870 CALENDRIER GRÉGORIEN		An LXXIX CALENDR. RÉPUBLICAIN ET AGENDA AGRICOLE			J. lunaires	Phases lunaires.	CALENDRIER MÉTÉOROL. Points lunaires et solaires.
DÉCEMBRE		**FRIMAIRE**					
1	jeudi.	s^t Éloi, év.	10	DÉCADI PIOCHE.	9		
2	vendr.	s^t Franç.-Xav.	11	prim. Cire.	10		Éq. L.
3	sam.	s^t Fulgence,é.	12	duodi. Raifort.	11		
4	dim.	s^{te} Barbe.	13	tridi. Cèdre.	12		
5	lundi.	s^t Sabbas, év.	14	quart. Sapin.	13		Apogée.
6	mardi.	s^t Nicolas, év.	15	quint. CHEVREUIL.	14		
7	mercr.	s^{te} Fare, vierg	16	sextidi Ajonc.	15		
8	jeudi.	CONCEPTION.	17	septidi Cyprès.	16	P. L.	
9	vendr.	s^{te} Gorgonie.	18	octidi Lierre.	17		
10	sam.	s^{te} Valère, v^e.	19	nonidi Sabine.	18		L. B.
11	dim.	s^t Fuscien.	20	DÉCADI HOYAU.	19		
12	lundi.	s^t Valery.	21	prim. Erable sucr.	20		
13	mardi.	s^{te} Luce, v^e m.	22	duodi. Bruyère.	21		
14	mercr.	s^t Nicaise, arc.	23	tridi. Roseau.	22		
15	jeudi.	s^t Mesmin.	24	quart. Oseille.	23	D. Q.	
16	vendr.	s^{te} Adélaïde.	25	quint. GRILLON.	24		
17	sam.	s^{te} Olympiade	26	sextidi Pignon.	25		Éq. L.
18	dim.	s^t Gatien, év.	27	septidi Liége.	26		
19	lundi.	s^t Timoléon.	28	octidi. Truffe.	27		
20	mardi.	s^t Philogone.	29	nonidi Olive.	28		Périgée.
21	mercr.	s^t Thomas, ap	30	DÉCADI PELLE.	29		
		NIVOSE					
22	jeudi.	s^t Fabien.	1	prim. Tourbe.	30	N. L.	Solstice
23	vendr.	s^{te} Victoire.	2	duodi. Houille.	1		L. A.
24	sam.	s^{te} Delphine.	3	tridi. Bitume.	2		Quasi-Conj.
25	dim.	NOEL.	4	quart. Soufre.	3		
26	lundi.	s^t Etienne, m.	5	quint. CHIEN.	4		
27	mardi.	s^t Jean, évêq.	6	sextidi Lave.	5		
28	mercr.	ss. Innocents.	7	septidi Terre végét.	6		
29	jeudi.	s^{te} Eléonore.	8	octidi. Fumier.	7	P. Q.	
30	vendr.	s^{te} Colombe.	9	nonidi Salpêtre.	8		Éq. L.
31	sam.	s^t Sylvestre.	10	DÉCADI FLÉAU.	9		

PHASES LUNAIRES	POINTS LUNAIRES	
P. L. le 8 à 2 h. 48 m. du mat.	Eq. L. le 2 vers 6 h. du s.	Quasi-Conj. le 23, vers 8 h. du matin.
D. Q. le 15 à 9 h. 20 m. du soir.	L. B. le 10 vers 7 h. mat.	
N. L. le 22 à 0 h. 28 m. du soir.	Eq. L. le 17 vers 5 h. m.	Eq. L. le 30 vers 2 h. du matin.
P. Q. le 29 à 4 h. 48 m. du soir.	L. A. le 23 vers 8 h. du m.	

Note sur l'Agenda agricole qui occupe la 6ᵉ colonne du triple Calendrier précédent.

L'*Agenda agricole* est comme la table des matières du cours de physique et d'histoire naturelle, dans ses applications à l'agriculture, que l'instituteur était tenu de faire à ses élèves. Chaque jour du calendrier portait le titre de la leçon, et chaque leçon coïncidait avec l'époque où le laboureur devait faire usage de l'objet dont le nom était inscrit sur ce jour de l'année.

Pendant les jours d'hiver, on ne rencontre dans ce calendrier que l'indication des substances brutes, propres à fertiliser le sol et à construire les habitations, ou des métaux dont la nature est d'un usage ordinaire. Dans les autres mois, le nom des plantes se lit à l'un des jours de l'époque où il importe de les semer ou de les récolter. Le Quintidi porte le nom d'un animal à élever ou à détruire; le DÉCADI, celui d'un instrument aratoire ou de ménage.

On comprend l'immense avantage que retirerait l'éducation publique du rétablissement d'un pareil cours dans nos écoles primaires, et si, chaque jour, après l'exercice choral qui devrait ouvrir la séance, l'instituteur commençait par décrire avec méthode et précision l'objet dont le nom se trouve inscrit à la date de cette journée, pour en exposer les caractères, la nature, la composition, les usages pratiques ou les dangers, et pour faire comme toucher du doigt toutes ces indications à ses élèves, en mettant pendant la leçon chaque chose à leur disposition.

L'instituteur aurait soin chaque jour de préparer sa leçon du lendemain, comme s'il retournait lui-même à l'école. Cette tâche lui serait rendue facile dans les communes où le Conseil municipal a eu le bon esprit de fonder une bibliothèque, un musée et une exposition publique. Dans les autres communes, la municipalité ne se refuserait pas à voter des fonds pour procurer à l'instituteur communal les quatre ou cinq ouvrages qui lui seraient, pour ce cours, d'une indispensable nécessité.

PRÉVISION DU TEMPS

POUR CHAQUE MOIS DE

L'ANNÉE 1870

D'APRÈS LES PRINCIPES

du

NOUVEAU SYSTÈME DE MÉTÉOROLOGIE (1)

---

(1) Le *Nouveau système de météorologie*, dont la connaissance est indispensable à quiconque s'occupe de cette science, a été développé dans les *Almanachs* des quatre premières années. Nous y renvoyons nos lecteurs.

2.

PRÉVISION DU TEMPS

POUR CHAQUE MOIS DE

L'ANNÉE 1870

D'APRÈS LES PRINCIPES ÉTABLIS DANS LE

NOUVEAU SYSTÈME DE MÉTÉOROLOGIE.

JANVIER.

Abaissement de la colonne barométrique et élévation de la température (*) le 1er, du 3 au 5, du 7 au 10, du 12 au 13, le 17, du 18 au 22, le 24, du 30 au 31.

Élévation de la colonne barométrique et abaissement de la température du 11 au 13, du 15 au 16, du 25 au 29.

Tempêtes et fortes marées du 3 au 5, du 7 au 10, du 18 au 24, du 30 au 31.

(*) Dans la saison froide, le thermomètre baisse toutes les fois que le ciel se découvre, et monte toutes les fois que le ciel se couvre, parce que les nuages interceptent la température froide qui règne dans les couches supérieures de l'atmosphère; c'est le contraire pendant la saison chaude, parce que les nuages interceptent la température chaude qui règne alors dans les couches supérieures de l'atmosphère; or, les nuages arrivent quand le baromètre baisse, et se dissipent quand il monte.

FÉVRIER.

Abaissement de la colonne barométrique et élévation de la température du 2 au 5, les 8 et 9, du 14 au 15, du 17 au 19, les 21 et 22, du 26 au 28.

Élévation de la colonne barométrique et abaissement de la température du 6 au 8, du 10 au 13, le 20, du 23 au 25.

Tempêtes et fortes marées du 3 au 5, du 13 au 14, du 17 au 20, les 21 et 22, du 26 au 28.

MARS.

Abaissement de la colonne barométrique et élévation de la température du 1ᵉʳ au 5, les 10 et 11, du 13 au 16, les 18 et 20, le 24, du 26 au 27, du 29 au 31.

Élévation de la colonne barométrique et abaissement de la température du 6 au 9, du 11 au 12, du 20 au 23.

Tempêtes et très-fortes marées du 1ᵉʳ au 5, du 17 au 21, du 29 au 31.

AVRIL.

Abaissement de la colonne barométrique et élévation de la température du 1ᵉʳ au 3, du 10 au 14, du 16 au 17, du 21 au 23, du 25 au 29.

Élévation de la colonne barométrique et abaissement de la température du 4 au 8, le 16, du 18 au 22, le 30.

Tempêtes et fortes marées du 1ᵉʳ au 3, surtout du 13 au 16, modérées du 25 au 29.

MAI.

Abaissement de la colonne barométrique le 2, du 8 au 12, les 13 et 14, du 16 au 17, du 19 au 21, du 23 au 25, les 29 et 31.

Élévation de la colonne barométrique le 1er, du 3 au 6, le 15, le 18, le 22, du 26 au 28.

Tempêtes et fortes marées les 2 et 9, les 12 et 14, les 16 et 17, les 24 et 25, les 29 et 31.

JUIN.

Abaissement de la colonne barométrique le 1er, du 3 au 5, du 7 au 8, les 11 et 12, du 15 au 17, le 19, les 21 et 22, les 26 et 27, le 30.

Elévation de la colonne barométrique le 2, les 6 et 7, du 9 au 10, le 20, du 23 au 26, le 28.

Fortes marées le 1er, du 3 au 6, du 7 au 9, le 11, du 22 au 23, du 27 au 30.

JUILLET.

Abaissement de la colonne barométrique du 1er au 6, le 8, les 11 et 12, du 13 au 15, du 17 au 18, le 20, le 24, le 27, du 29 au 30.

Élévation de la colonne barométrique le 7, les 9 et 10, le 16, du 21 au 23, les 25 et 26, du 30 au 31.

Assez fortes marées du 7 au 9, du 12 au 14, du 17 au 19, le 24, du 27 au 30.

AOUT.

Abaissement de la colonne barométrique du 1er au

4, du 9 au 10, du 13 au 16, le 18, le 19, les 25 et 26, du 28 au 30.

Élévation de la colonne barométrique du 6 au 9, le 11, du 16 au 17, du 20 au 23, le 26.

Fortes marées du 1er au 3, du 13 au 18, surtout du 28 au 30.

SEPTEMBRE.

Élévation de la colonne barométrique et abaissement de la température le 1er, du 3 au 5, les 9 et 10, du 14 au 17, les 19 et 20, les 22 et 23, du 28 au 30.

Abaissement de la colonne barométrique et élévation de la température le 2, du 6 au 8, du 10 au 13, le 18, du 21 au 22, du 24 au 27.

Tempêtes et fortes marées du 10 au 12, surtout du 23 au 27.

OCTOBRE.

Élévation de la colonne barométrique et abaissement de la température le 2, le 6, du 13 au 17, le 24, du 27 au 29, le 31.

Abaissement de la colonne barométrique et élévation de la température le 1er, du 3 au 5, du 7 au 8, du 10 au 11, le 15, du 18 au 20, du 22 au 23, du 25 au 26, le 30.

Tempêtes et fortes marées du 3 au 5, les 8 et 9, les 11 et 12, du 18 au 19, les 21 et 22, les 24 et 25, le 30.

NOVEMBRE.

Abaissement de la colonne barométrique et élévation de la température du 1er au 2, du 4 au 5, le 7, les 9 et 10, les 14 et 15, du 17 au 20, le 22, le 24, du 27 au 28, le 30.

Élévation de la colonne barométrique et abaissement de la température le 3, le 8, du 11 au 13, le 16, les 20 et 21, le 23, les 25 et 26, le 29.

Tempêtes et fortes marées du 4 au 5, du 16 au 20, les 22 et 24, surtout les 24 et 25, le 29.

DÉCEMBRE.

Abaissement de la colonne barométrique et élévation de la température du 1er au 3, le 9, du 11 au 14, les 16 et 17, les 20 et 21, les 23 et 24 , du 26 au 28, les 30 et 31.

Élévation de la colonne barométrique et abaissement de la température du 4 au 7, du 9 au 10, le 15, les 18 et 19, le 25, le 29.

Tempêtes et fortes marées du 1er au 3, du 7 au 9, du 12 au 14, les 16 et 17, et surtout du 21 au 24, du 26 au 28, les 30 et 31.

N° VIII.

PHYSIONOMIE GÉNÉRALE

DE CHAQUE MOIS DE L'ANNÉE 1870

D'APRÈS LA TABLE DRESSÉE EN 1805

PAR

L'ABBÉ L. COTTE (*)

L'un des météorologues et des philosophes les plus distingués
de la fin du xviiie et du commencement du xixe siècle.

(*) Grand-Jean de Fouchy, de l'Observatoire de Paris, ayant signalé, en 1764, à l'abbé L. Cotte, les rapports de la période lunaire de dix-neuf ans, avec le retour, an par an, aux mêmes phénomènes de température moyenne, ce dernier s'appliqua à vérifier cette donnée sur la série des observations météorologiques que l'Observatoire mit à sa disposition; et il en dressa un tableau pour chaque année, à partir de 1805 jusqu'en 1893 inclusivement. C'est de ce travail que nous avons extrait ce qui concerne l'année 1870.

PHYSIONOMIE GÉNÉRALE

DES MOIS

DE L'ANNÉE 1870

D'APRÈS LES TABLES DE L'ABBÉ COTTE.

JANVIER.

TEMPÉRATURE MOYENNE : douce, humide. — Th. max : + 9°,0 ; th. min. : — 6°,1. — *Vent dominant :* sud-ouest. — *Jours de pluie :* 12. — *Épaisseur d'eau :* trente-quatre millimètres.

FÉVRIER.

TEMPÉRATURE MOYENNE : douce, humide. — Th. max. : + 10°,0 ; th. min. : — 4°,8. — *Vent dominant :* sud-ouest. — *Jours de pluie :* 12. — *Épaisseur d'eau :* trente-quatre millimètres.

MARS.

TEMPÉRATURE MOYENNE : douce, sèche. — Th. max. : + 12°,8 ; th. min. : — 5°,8. — *Vent dominant :* sud-ouest. — *Jours de pluie :* 14. — *Épaisseur d'eau :* quatre-vingt-onze millimètres.

AVRIL.

TEMPÉRATURE MOYENNE : douce, sèche. — Th. max. : + 18°,2 ; th. min. : — 1°,0. —*Vents dominants :* nord et nord-ouest. — *Jours de pluie :* 11. — *Épaisseur d'eau :* dix-huit millimètres.

MAI.

TEMPÉRATURE MOYENNE : froide, humide. — Th. max. : + 10°,1 ; th. min. : — 3°,6. — *Vent dominant :* sud-ouest. — *Jours de pluie :* 11. — *Épaisseur d'eau :* quarante-cinq millimètres.

JUIN.

TEMPÉRATURE MOYENNE : assez chaude, humide. — Th. max. : + 24°,0 ; th. min. : + 9°,0. — *Vents dominants :* nord et nord-est. — *Jours de pluie :* 11. — *Épaisseur d'eau :* cinquante-deux millimètres.

JUILLET.

TEMPÉRATURE MOYENNE : chaude, humide. — Th. max. : + 27°,0 ; th. min. : + 9°,9. — *Vent dominant :* nord-ouest. — *Jours de pluie :* 13. — *Épaisseur d'eau :* soixante-dix millimètres.

AOUT.

TEMPÉRATURE MOYENNE : chaude, sèche. — Th. max. : + 22°,5 ; th. min. : + 8°,7. — *Vents do-*

minants : sud, ouest, nord-ouest. — *Jours de pluie :*
13. — *Épaisseur d'eau :* cinquante-six millimètres.

SEPTEMBRE.

Température moyenne : douce, assez humide. —Th.
max.: $+$ 21°,3 ; th. min. : $+$ 5°,2. — *Vent domi-*
nant : sud-ouest. — *Jours de pluie :* 12. — *Épais-*
seur d'eau : cinquante-sept millimètres.

OCTOBRE.

Température moyenne : froide , humide. — Th.
max. : $+$ 17°,1 ; th. min. : $+$ 1°,4. — *Vent domi-*
nant : nord-ouest. — *Jours de pluie :* 12. — *Épais-*
seur d'eau : cinquante-six millimètres.

NOVEMBRE.

Température moyenne : froide , humide. — Th.
max. : $+$ 12°4 ; th. min. : — 2°,6. — *Vents domi-*
nants : nord-est, sud-ouest. — *Jours de pluie :* 12.
— *Épaisseur d'eau :* cinquante-quatre millimètres.

DÉCEMBRE.

Température moyenne : froide , humide. — Th.
max. : $+$ 7°,8 ; th. min. : — 6°,1. — *Vents domi-*
nants : nord , nord-est. — *Jours de pluie :* 6. —
Épaisseur d'eau : vingt-sept millimètres.

OBSERVATIONS

RECUEILLIES A L'OBSERVATOIRE DE PARIS

PENDANT L'ANNÉE 1813

ANNÉE QUI, DANS LA PÉRIODE LUNAIRE DE 19 ANS,
CORRESPOND A LA PRÉSENTE ANNÉE 1870.

Il est probable que, pour l'Observatoire de Paris, les phénomènes de l'année 1813 se reproduiront, en l'année 1870, à peu près aux mêmes époques, avec des modifications de localités et de latitudes pour les autres régions de la France, si l'on tient compte des différences entre les époques des périgées et des apogées des deux années, ainsi que de l'apparition imprévue d'une comète. Voir le *Traité de météorologie* dans l'*Almanach* de l'année 1867.

L'abaissement de la colonne barométrique étant plus fort à l'époque des périgées qu'à celle des apogées, il s'ensuit que, toutes autres circonstances égales d'ailleurs, le temps sera plus mauvais sous la première que sous la seconde influence. Il suit de là que les périgées et les apogées du Cycle lunaire de dix-neuf ans ne tombant pas les mêmes jours du mois des deux années correspondantes, on devra, sur le calendrier comparatif de l'année 1813, transporter aux jours où tombent les péri-gées de l'année 1870, les indications de l'aspect du ciel des jours où tombent les périgées de l'année 1813; de même pour les apogées.

Nous devons faire remarquer qu'à l'époque où Bouvard observait, on ne réduisait pas encore à zéro les observations barométriques, afin de les rendre comparables entre elles ; nous les rapportons ici sans les réduire, laissant ce soin à l'évaluation de nos lecteurs : la différence, en été, peut descendre jusqu'à 4 millimètres en dessous du chiffre barométrique énoncé. Nous n'avons pu le faire d'une manière exacte, ignorant dans quelle position le baromètre employé en ce temps se trouvait par rapport au thermomètre.

N. B. — Enfin par une dernière observation le 4 février 1813, Pons, dont nous avons eu l'occasion de nous occuper déjà plus d'une fois (voy. l'*Almanach* pour 1869, p. 42 ; pour 1868, p. 154) découvrit à Marseille, dans la constellation du *Lézard*, une petite comète, sans queue, barbe et chevelure, que le baron de Zach observa et dont il détermina la marche rétrograde. Il est bon de faire remarquer que la comète peut exercer ses influences, avant qu'un hasard ait permis de la découvrir et de la signaler ; ce qui expliquerait la température douce de février de l'année 1813, par rapport à celle qui pourra avoir lieu en 1870.

OBSERVATOIRE (JANVIER 1813) DE PARIS

j. solaires.	BAROMÈTRE	THERMOMÈTRE		VENTS	ASPECT DU CIEL	PHASES et POINTS lunaires.
1	757,32-760,40	— 1,5	+ 4,2	O	Couv., couv., beau.	L. A.
2	761,92-762,80	— 1,2	+ 2,2	N E	Couv., nuag., beau.	N. L.
3	765,00-767,50	— 0,2	+ 4,5	N E	A. beau, beau, beau.	q. Conj.
4	766,74-763,40	+ 1,5	+ 4,0	E	Nuag., couvert, couv.	
5	762,24-763,60	+ 0,2	+ 2,3	S	Nuag., couv., couv.	
6	762,50-758,74	+ 0,5	+ 4,2	S	Nuag., couv., pluie.	
7	756,92-753,36	+ 2,7	+ 4,7	S	Pluie fl. pluie, pluie.	
8	746,04-749,92	+ 3,2	+ 8,7	S O	Pluie, pluie, beau.	P. Q.
9	752,32-756,40	+ 0,7	+ 3,7	O	Brouil., pluie, nuag.	Éq. L.
10	753,24-755,56	+ 1,0	+ 3,0	N O	Neige, couv., couv.	
11	754,00-752,72	— 0,2	+ 1,2	S S E	Couv., couv., couv.	
12	754,68-753,74	— 1,7	+ 0,5	E	Couvert, couv., couv.	Périg.
13	751,92-748,56	— 0,5	+ 1,7	S E	Couv., couv., pl. et n.	
14	749,74-751,30	+ 1,5	+ 4,5	S	Pluie, couv., pluie.	
15	754,80-758,60	+ 1,0	+ 5,0	S O	Couv., couv,, nuag.	L. B.
16	761,98-763,00	— 1,0	+ 0,7	S E	Couv., couv., br.,	P. L.
17	762,94-764,37	— 1,7	+ 0,0	S E	Couv., couv., couv.	
18	763,70-760,95	— 2,5	— 1,0	S E	Couvert, couv., couv.	
19	759,68-763,30	— 3,2	— 1,7	E S E	Couv., couv., couv.	
20	765,26-764,18	— 4,5	— 3,7	N E	Couv., couv., couv.	
21	764,12-766,22	— 7,0	+ 3,2	N E	Beau, beau, nuag.	
22	767,12-769,10	— 3,7	— 1,2	N E	Beau, beau, beau.	Eq. L.
23	766,22-764,00	— 2,8	— 0,0	N E	Couv., couv., couv.	
24	765,00-766,10	— 5,5	— 0,6	N E	Beau, beau, beau.	D. Q.
25	766,90-766,20	— 6,7	— 0,1	N E	Beau, beau, beau.	Apog.
26	769,00-768,24	— 6,8	— 0,2	E, N E	Beau, beau, beau.	
27	769,12-768,64	— 1,0	+ 1,5	N E	Couv., couv., couv.	
28	769,16-767,18	+ 0,5	+ 3,5	N	Couv., couv., couv.	
29	766,54-764,82	+ 0,7	+ 1,7	N O	Couv., neige, p. pl.	L. A.
30	768,40-769,45	+ 0,0	+ 1,6	N E	Nuag, couv., couv.	
31	768,68-767,92	+ 0,0	+ 4,0	O	Couv., couv., p. pl.	Conj.

Eau tombée, 25mm,85.

PHASES LUNAIRES	POINTS LUNAIRES
N. L. le 2, à 5 h. 30 m. du soir.	L. A. le 2, vers 6 h. du matin.
P. Q. le 9, à 10 h. 36 m. du soir.	Éq. L. le 9, vers 6 h. du matin.
P. L. le 16, à 6 h. 13 m. du soir.	L. B. le 15, vers 6 h. du soir.
D. Q. le 24, à 0 h. 45 m. du soir.	Éq. L. le 22, vers midi.
	L. A. le 29, vers minuit.
	Conjug. le 31, vers minuit.

OBSERVATOIRE (FÉVRIER 1813) DE PARIS

J. solaires.	BAROMÈTRE	THERMOMÈTRE		VENTS	ASPECT DU CIEL	PHASES et POINTS lunaires.
		o	o			
1	768,68-765,32	+ 1,2	+ 3,6	N O	Couv., tr.-couv., cou.	N. L.
2	765,62-767,50	— 4,5	+ 0,5	E	Couv., beau, beau.	
3	768,72-770,20	— 3,5	+ 0,2	O	Couv., couv., couv.	
4	771,00-769,10	— 1,2	+ 4,6	O	Couv., couv., beau.	Éq. L.
5	766,42-760,22	— 5,7	+ 3,2	S E	Beau, beau, beau.	
6	758,08-761,10	— 2,5	+ 3,2	S O	Beau, nuag., pl. fine.	Périg.
7	763,40-762,12	— 2,2	+ 4,5	S O fort.	Beau, vapor., nuag..	
8	763,10-759,44	+ 4,0	+ 8,0	S O fort.	Couv., tr.-couv. cou.	P. Q.
9	756,76-758,74	+ 6,2	+ 10,0	S O fort.	Couv., couv., p. pl.	
10	759,50-762,50	+ 0,2	+ 8,0	S O	Couv., couv., beau,	
11	763,00-757,50	— 1,1	+ 3,7	S	Couv., couv., couv.	L. B.
12	755,84-751,06	+ 2,5	+ 11,0	S E	Couv. nuag., beau.	
13	745,00-751,50	+ 4,2	+ 9,7	S O fort.	Pluie, pluie, nuag.	
14	751,50-745,52	+ 4,9	+ 12,2	S O fort.	Pluie, p. pluie, couv.	
15	750,68-747,94	+ 7,5	+ 11,4	S O fort.	Couv., tr.-nuag. couv.	P. L.
16	747,24-750,56	+ 7,5	+ 11,4	S O fort.	Pluie, tr.-nuag. voilé.	
17	751,92-746,60	+ 7,4	+ 11,2	S S O tr.-f.	Voilé, couv., pluie.	
18	749,90-759,76	+ 7,0	+ 11,2	O fort.	Pluie, nuag., nuag.	Éq. L.
19	761,20-753,78	+ 7.5	+ 14,2	S E	Couv., couv., beau.	
20	756,62-762,60	+ 7,5	+ 11,5	O fort.	Nuag., nuag. nuag.	Apog.
21	761,06-758,54	+ 8,5	+ 14,7	S E	Couv., couv. tr.-nuag.	Conj.
22	758,02-757,00	+ 8,1	+ 14,1	S E	Nuag., couv., couv.	
23	758,78-761,60	+ 6,7	+ 12,9	S O fort.	P., pluie, couv., p. pl.	D. Q.
24	763,28-765,38	+ 4,5	+ 8,2	N O	Éclairc., nuag. brum.	
25	767,92-766,10	+ 4,4	+ 9,7	O	Nuag., tr.-nuag. bru.	
26	765,40-759,80	+ 4,5	+ 12,5	S fort.	Couv , tr.-voilé, couv.	L. A.
27	762,40-767,78	+ 4,5	+ 9,2	O fort.	Couv., nuag., beau.	
28	769,16-771,72	+ 3,7	+ 9,3	N O	Nuag., couv., beau.	

Eau tombée, 17mm,55.

PHASES LUNAIRES

N. L. le 1er, à 8 h. 45 m. du matin.
P. Q. le 8, à 6 h. 11 m. du matin.
P. L. le 15, à 8 h. 52 m. du matin.
D. Q. le 23, à 9 h. 53 m. du matin.

POINTS LUNAIRES

Conjug. le 21, vers midi.
Éq. L. le 4, vers minuit.
L. B. le 11, vers minuit.
Éq. L. le 18, vers 6 h. du soir.
L. A. le 26, vers 6 h. du matin.

OBSERVATOIRE (MARS 1813) DE PARIS

J. solaires.	BAROMÈTRE	THERMOMÈTRE		VENTS	ASPECT DU CIEL	PHASES et POINTS lunaires.
1	773,10-770,32	+ 2,7	+ 9,2	S O	Couv., nuag., nuag.	
2	769,66-767,00	+ 1,2	+ 12,2	S O	Nuag., vap., couv.	N. L.
3	765,72-762,60	+ 6.7	+ 10,6	O	Couv., tr.-n., pluie.	Conj.
4	767,94-770.98	+ 1,7	+ 9,6	N O	Beau, nuag., beau.	Éq. L.
5	770,67-768,44	— 0,5	+ 13,2	O	Nuag., nuag., couv.	Périg.
6	769,40-770,58	+ 3,7	+ 11,7	N O	Nuag., couv., beau.	
7	769,80-772,64	+ 2.2	+ 10,3	N O	Beau, nuag., beau.	
8	767,30-766,10	+ 5,0	+ 8,2	N O	Couv., couv., couv.	
9	764,28-759,82	+ 6,7	+ 9,4	N N O	Couv., couv., pluie.	P. Q.
10	756,60-754,14	+ 2,0	+ 7,4	N O	Couv., neige, couv.	
11	757,78-755,50	— 1,7	+ 4,2	N	Beau, nuag., neige.	L. B.
12	756,72-763,50	— 2,5	+ 1.5	N O fort.	Éclair., nuag., neige.	
13	764,56-765,52	— 5.2	+ 0,6	N E	Beau, nuag., beau.	
14	765,92-765,78	— 4.4	+ 2,7	N	Beau, nuag., beau.	
15	766,04-764,12	— 3,0	+ 6,4	S E	Nuag., beau, beau.	
16	763,44-758,36	— 2,0	+ 9,4	N	Beau, beau, vapor.	P. L.
17	757,50-754,90	— 0,0	+ 10,5	N E	Tr., vapor., vapor.	Éq. L.
18	754,98-756,38	+ 1,2	+ 11,7	N	Nuag., vap., couv.	Conj.
19	756,90-755,60	+ 5,5	+ 12,2	S O	Couv., couv., couv.	
20	754,82-756,10	+ 6,7	+ 16,2	S	Couv., nuag., couv.	Équin.
21	761,68-759,88	+ 3,5	+ 11,7	O S O	Pluie, tr.-n., couv.	Apog.
22	756,44-759,14	+ 7,7	+ 13,5	S O fort	Couv., pluie fine, pl.	
23	763,60-768,04	+ 2,2	+ 10,0	N	Nuag., grésil, nuag.	
24	768,60-766,90	+ 0,5	+ 9,2	N	Beau, nuag., couv.,	L. A.
25	763,28-766,24	+ 5,3	+ 10,5	S O	Pluie, pluie, couv.	D. Q.
26	767,50-769,10	+ 4,2	+ 7,9	N	Couv., couv., couv.	
27	770,44-772,48	+ 4,2	+ 11,9	N E	Tr., p. nuag., beau.	
28	772,32-769,80	+ 2,7	+ 13,6	N E	Nuag., nuag., beau.	
29	768,72-764,74	+ 4,5	+ 17,5	N E	Beau, nuag., beau.	
30	763,52-759,60	+ 8,2	+ 17,5	N E	Couv., nuag., beau.	
31	757,58-753,40	+ 5,2	+ 19,2	O	Beau, nuag., beau.	

Eau tombée, 11mm,25.

PHASES LUNAIRES	POINTS LUNAIRES
N. L. le 2, à 9 h. 39 m. du soir.	Conjug. le 3, vers 6 h. du matin.
P. Q. le 9, à 1 h. 52 m. du soir.	Éq. L. le 4, vers 6 h. du soir.
P. L. le 17, à 0 h. 57 m. du matin.	L. B. le 11, vers 6 h. du matin.
D. Q. le 25, à 4 h. 55 m. du matin.	Éq. L. le 17, vers minuit.
	Conjug. le 18, vers 6 h. du matin.
	L. A. le 25, vers midi.

OBSERVATOIRE (AVRIL 1813) DE PARIS

j. solaires.	BAROMÈTRE	THERMOMÈTRE	VENTS	ASPECT DU CIEL	PHASES et POINTS lunaires.
1	750,68-744,24	+ 6,7+ 15,5	S O tr.-f.	Couv., nuag., pluie.	Conj. N. L.
2	746,00-748,06	+ 3,7+ 10,0	S O	P. pluie, couv., pluie.	Éq. L.
3	750,92-755,22	+ 1.2+ 8,6	O	Nuag., nuag., nuag.	Périg.
4	755,16-757,24	+ 2,0+ 8,0	S O	Couv., pl. fi., beau.	
5	758,76-760,76	+ 0,7+ 9,7	O	Nuag., nuag., couv.	
6	760,92-760,12	+ 6,0+ 13,0	S O	Couv., couv., couv.	P. Q.
7	760,40-757,50	+ 9,5+ 15,5	E	Couv., couv., sup.	L. B.
8	757,32-757,94	+ 6,2+ 18,7	N	Beau, vap., sup.	
9	760,16-759,00	+ 8,0+ 20,7	N E	Beau, p. nuag., sup.	
10	758,60-759,30	+ 8,5+ 21,5	N E	Beau, beau, superbe.	
11	759,84-761,10	+ 8,7+ 22,2	N E	Sup., beau, sup.	
12	761,16-762,32	+ 8,5+ 22,2	O	Beau, beau, nuag.	Conj.
13	766.80-765,70	+ 8,4+ 21,5	N	Beau, beau, lég. nu.	
14	767,88-764,64	+ 7,0+ 14,5	N	Qq. nuag., nuag., n.	Éq. L.
15	764,50-763,14	+ 5,2+ 16,5	N	Nuag., nuag., nuag.	P. L.
16	763,12-761,84	+ 7,7+ 15,0	O	Couv., couv., p. pl.	
17	760,04-757,40	+ 10,7+ 16,5	O	Couv., couv., p. pl.	Apog.
18	759,72-765,20	+ 6,5+ 12,5	N O	Tr.-n., nuag., beau.	
19	764,22-763,04	+ 2,9+ 13,5	N O	Tr.-nuag., couv., p.pl.	
20	764,10-761,60	+ 9,0+ 17,7	N E	Couv., nuag., beau.	
21	760,64-758,08	+ 7,0+ 18,6	N O	Nuag., nuag., nuag,	L. A.
22	760,34-758,08	+ 2,5+ 11,0	N	Vapor., nuag., pluie.	
23	758,92-757,60	+ 0,5+ 6.7	N E	Nuag., pluie, grêle.	D. Q.
24	758,30-757,00	+ 2,2+ 10,7	N E	Tr.-n., nuag., pluie.	
25	757,74-754,22	+ 5,5+ 16,9	S E	Nuag., couv., pluie.	
26	755,28-751,22	+ 9,2+ 14,6	N O	Couv., tr.-n., pluie.	
27	746,42-745,72	+ 4,5+ 11,2	S O	Pluie, pluie, beau.	
28	744,52-743,16	+ 3,5+ 17,0	S	Nuag., nuag., couv.	Eq. L.
29	742,72-745,92	+ 10,5+ 15,3	N E	Nuag., couv., pluie.	N. L.
30	749,90-751,00	+ 8,2+ 19,4	S	Nuag., l. n., pluie.	Périg.

Eau tombée, 36mm,05.

PHASES LUNAIRES.	POINTS LUNAIRES.
N. L. le 1er, à 8 h. 4 m. du matin.	Conjug. le 1er, vers minuit.
P. Q. le 7, à 10 h. 37 m. du soir.	Éq. L. le 1er, vers 6 h. du matin.
P. L. le 15, à 5 h. 29 m. du soir.	L. B. le 7, vers 6 h. du matin.
D. Q. le 23, à 8 h. 34 m. du soir.	Conjug. le 12, vers 6 h. du matin.
N. L. le 30, à 4 h. 23 m. du soir.	Éq. L. le 14, vers midi.
	L. A. le 21, vers minuit.
	Éq. L. le 28, vers 6 h. du soir.

OBSERVATOIRE (MAI 1813) DE PARIS

J. solaires.	BAROMÈTRE	THERMOMÈTRE	VENTS	ASPECT DU CIEL	PHASES et POINTS lunaires.
1	750,00-751,28	+ 10,7+ 19,2	S O	Tr.-n., nuag., orage.	Conj.
2	752,42-753,56	+ 9,0+ 20,0		Nuag., nuag., beau.	
3	752,94-754,52	+ 9,2+ 23,6	S	Vapor., nuag., pluie.	
4	754,54-756,90	+ 12,6+ 20,5		Couv., orag., nuag.	L. B.
5	758,92-757,50	+ 12,5+ 20,3	N	Couv., couv., beau.	
6	756,80-754,74	+ 12,0+ 23,5	S	Br., tr.-n., orag., gr.	P. Q.
7	756,10-754,52	+ 11,2+ 18,2	S O	Tr.-n., tr.-n., beau.	Conj.
8	753,04-749,78	+ 8,2+ 22,2	S E	Beau, tr.-n., couv.	
9	750,18-755,20	+ 13,5+ 20,1	S O	Couv., pluie, orage.	
10	756,24-760,12	+ 13,1+ 21,2	O	Couv., nuag., pluie.	
11	761,08-756,84	+ 10,0+ 23,0	S O	Nuag , nuag., beau.	Éq. L.
12	754,74-752,48	+ 14,7+ 21,0		Pluie, couv., beau.	
13	755,02-752,60	+ 10,2+ 20,0	O S O	Nuag., couv., tr.-n.	
14	752,80-750,68	+ 9,2+ 20,2	S O	Tr.-n., tr.-n., nuag.	Apog.
15	753,40-757,50	+ 10,0+ 16,4		Couv., pluie, couv.	P. L.
16	757,48-754,48	+ 9,7+ 16,2	S O fort	Pluie, couv., pluie.	
17	757,36-761,12	+ 9,7+ 15,9	S O	Tr.-n., couv., couv.	
18	757,32-754,70	+ 9,2+ 17,5	O N O	Pluie, couv., tr.-n.	
19	759,68-756,86	+ 10,5+ 17,2	O	Couv., couv., couv.	L. A.
20	754,94-751,62	+ 12,2+ 19,0	S O	Pluie, tr.-n., nuag.	
21	753,76-752,64	+ 9,1+ 16,2	S O fort	Nuag., pluie, nuag.	
22	753,08-755,50	+ 7,0+ 16,2	S O	Nuag., tr.-n., orage.	
23	755,72-750,74	+ 8,5+ 13,0		Couv., pluie, pluie.	D. Q.
24	750,44-754,64	+ 11,5+ 15,0	O	Pluie, couv., couv.	
25	757,68-754,88	+ 10,5+ 17,5		Couv., couv., éclair.	Éq. L.
26	753,50-760,90	+ 9,0+ 17,2		Tr.-n., couv., nuag.	
27	762,86-764,70	+ 6,0+ 18,2	N O	Beau, nuag., nuag.	
28	763,46-757,28	+ 7,5+ 20,5	E	Nuag., sup., couv.	N. L.
29	756,08-760,72	+ 11,2+ 27,0	S S O	Nuag., nuag., orage.	Périg.
30	760,32-761,64	+ 16,5+ 28,0	S	Tr.-n., pluie., écl.	
31	762,46-760,92	+ 13,5+ 27,5	S O	Beau, nuag., tr.-n.	L.B. Q.Conj

Eau tombée, 48mm,80.

PHASES LUNAIRES	POINTS LUNAIRES
P. Q. le 7, à 9 h. 3 m. du matin.	Conjug. le 1er, vers minuit.
P. L. le 15, à 9 h. 33 m. du matin.	L. B. le 4, vers midi.
D. Q. le 23, à 8 h. 17 m. du matin.	Conjug. le 7, vers 6 h. du matin.
N. L. le 29, à 11 h. 30 m. du soir.	Éq. L. le 11, vers 6 h. du soir.
	L. A. le 19, vers 6 h. du matin.
	Éq. L. le 25, vers minuit.
	L. B. le 31, vers minuit.
	Quasi-conjug. le 31, vers minuit.

3.

OBSERVATOIRE (**JUIN 1813**) DE PARIS

J. solaires.	BAROMÈTRE	THERMOMÈTRE		VENTS	ASPECT DU CIEL	PHASES et POINTS lunaires.
1	761,28-758,02	+ 16,0	+ 27,4	N E	Couv., orage, gr., n.	
2	756,24-758,86	+ 16,5	+ 27,7	E	Nuag., huag., orage.	
3	760,68-765,24	+ 13,2	+ 22,5	N O	Écl., nuag., beau.	
4	765,08-762,60	+ 10,2	+ 19,1		Couv., couv., couv.	
5	759,36-754,28	+ 10,2	+ 18,0	N	Couv., couv., pl. fine.	P. Q.
6	753,12-750,45	+ 9,0	+ 17,4	N E	Couv., tr.-n., tr.-n.	
7	751,00-752,36	+ 9,7	+ 21,4	E	Tr.-n., tr.-n., tr.-n.	Eq. L.
8	753,04-752,40	+ 9,4	+ 24,0	S E	Tr.-n., nuag., beau.	
9	750,28-746,80	+ 12,0	+ 17,5	S S E	Nuag. à l'h., écl., o.	
10	749,92-757,52	+ 11,0	+ 19,2	O	Pluie, pluie, pluie.	Apog.
11	757,94-759,38	+ 9,5	+ 23,2	S	Pluie, couv., beau.	
12	756,84-760,68	+ 10,0	+ 25,5	S E	Écl., nuag., beau.	
13	763,08-765,52	+ 9,7	+ 20,2	O	Nuag., nuag., écl.	
14	764,62-759,22	+ 10,6	+ 24,7	S O	Nuag., nuag., beau.	P. L.
15	755,20-757,28	+ 12,5	+ 20,2	O	Tr.-n., nuag.; nuag.	L. A.
16	756,18-761,12	+ 12,2	+ 17,2	N	Tr.-n., nuag., nuag.	
17	760,92-761,72	+ 9,7	+ 18,2	N O	Pluie, écl., nuag.	
18	760,00-758,64	+ 9,7	+ 15,2	N E	Tr.-n., couv., couv.	
19	759,32-760,98	+ 8,5	+ 17,0	N	P. pluie, pluie, pluie.	
20	761,20-763,88	+ 8,7	+ 16,2		P. pluie, tr.-n., beau.	
21	764,52-764,02	+ 7,2	+ 17,0		Nuag., p. pluie, nuag.	D. Q. Solst.
22	764,00-762,54	+ 7,2	+ 18,1		Nuag., couv., pluie.	Éq. L.
23	764,28-762,60	+ 8,7	+ 18,0	N E	Nuag., tr.-n., beau.	
24	763,10-762,16	+ 9,0	+ 20,2		Couv., tr.-n., beau.	
25	763,72-762,44	+ 10,5	+ 22,1		P. nuag., p. nuag., n.	
26	763,04-760,50	+ 12,7	+ 18,2		Lég. v., l. couv., sup.	Périg. q. Conj.
27	759,78-758,24	+ 13,1	+ 21,6		Nuag., p. pluie, pluie.	N. L.
28	759,10-758,50	+ 10,0	+ 24,6	S O	Nuag., tr.-n., beau.	L. B.
29	757,22-755,40	+ 11,2	+ 23,7	S	Nuag., orage, orage.	
30	758,00-756,50	+ 10,0	+ 19,0	S O	Nuag., pluie, pluie.	

Eau tombée, 82mm,50.

PHASES LUNAIRES	POINTS LUNAIRES
P. Q. le 5, à 9 h. 26 m. du soir.	Éq. L. le 7, vers minuit.
P. L. le 14, à 0 h. 41 m. du matin.	L. A. le 15, vers midi.
D. Q. le 21, à 4 h. 25 m. du soir.	Éq. L. le 22, vers midi.
N. L. le 28, à 6 h. 35 m. du matin.	L. B. le 28, vers midi.
	Quasi-conjug. le 28, vers midi.

OBSERVATOIRE (JUILLET 1813) DE PARIS

J. solaires.	BAROMÈTRE	THERMOMÈTRE	VENTS	ASPECT DU CIEL	PHASES et POINTS lunaires.
1	757,28-768,16	+ 12,7+ 19,0	O S O	Tr.-n., couv., pluie.	
2	757,50-755,72	+ 12,0+ 18,7	O	Éclairc., pluie, pluie.	
3	756,44-761,98	+ 11,7+ 18,9	N O	Couv., p. pluie, nuag.	
4	762,78-767.00	+ 9,7+ 17,0	N	Couv., tr.-n., nuag.	P. Q.
5	767,68-766,32	+ 8,0+ 21,0	N O	Beau, nuag., pluie.	Éq. L.
6	765,20-759,54	+ 9,0+ 22,5	S E	Nuag., nuag., sup.	
7	757,67-753,06	+ 9,7+ 25,5		Sup.. sup., vap.	
8	754,80-750,64	+ 13,0+ 25,5		Pluie, couv., écl.	
9	750,90-754,04	+ 14,2+ 22,0	O	Pluie, couv., pl. et or.	Apog.
10	754,42-757,60	+ 12,0+ 16,2	N O	Pluie, averse, pluie.	
11	756,92-758,84	+ 13,7+ 20,5		Nuag., nuag., nuag.	
12	758,42-757,50	+ 13,7+ 21,9		Couv., couv., écl.	L. A.
13	754,92-757,78	+ 12,5+ 23,5	O	Nuag., couv., couv.	P. L.
14	753,44-751,80	+ 15,7+ 24,5	S	Couv., couv., pluie.	
15	751,70-755,34	+ 12,7+ 20,2	O	Pluie, couv., nuag.	
16	756,60-759,12	+ 10,5+ 22,5		Nuag., tr.-n. orage.	
17	758,90-759,82	+ 11,0+ 22,7		Couv., tr.-n., p. et gr.	
18	766,24-759,16	+ 11,0+ 22,0	N O	Nuag., nuag., pluie.	
19	757,14-751,38	+ 13,5+ 23,5	S O	Pluie, pl. nuag. écl.	Éq. L.
20	747,52-746,56	+ 14,0+ 17,7	S E	Pluie, pluie, pluie.	D. Q.
21	746,74-752,80	+ 12,2+ 21,0	N O	Pluie, couv., beau.	
22	753,34-752,30	+ 11,2+ 21,7	S S O	Pluie, pluie, pluie.	
23	749,36-751,74	+ 14,2+ 21,7	O S O	Couv., tr.-n., nuag.	Conj.
24	751,00-755,16	+ 13,7+ 21,4		Couv., tr.-n., nuag.	Périg.
25	752,64-754,18	+ 14,1+ 21,2	S O	Pluie, pluie, nuag.	L. B.
26	754,82-757,22	+ 12,5+ 20,5	O S O	Nuag., tr.-n., pluie.	Conj.
27	758,60-763,38	+ 14,0+ 22,0	O	Couv., tr.-n., beau.	N. L.
28	764,32-766,80	+ 11,5+ 24,9		Beau, beau, nuag.	
29	767,12-763,50	+ 12,0+ 25,2	S E	Nuag., nuag., beau.	
30	761,72-759,18	+ 13,0+ 29,6		Beau, beau, orage.	
31	759,94-763,64	+ 15,0+ 23,3	N O	Couv., beau, beau.	

Eau tombée, 94mm,15.

PHASES LUNAIRES	POINTS LUNAIRES
P. Q. le 5, à 11 h. 49 m. du matin.	Eq. L. le 5, vers 6 h. du matin.
P. L. le 13, à 2 h. 33 m. du soir.	L. A. le 12, vers 6 h. du soir.
D. Q. le 20, à 10 h. 06 m. du soir.	Eq. L. le 19, vers 6 h. du soir.
N. L. le 27, à 2 h. 52 m. du soir.	Conjug. le 24, vers minuit.
	L. B. le 25, vers minuit.
	Conjug. le 27, vers 6 h. du matin.

OBSERVATOIRE (AOUT 1813) DE PARIS

J. solaires.	BAROMÈTRE	THERMOMÈTRE		VENTS	ASPECT DU CIEL	PHASES et POINTS lunaires.
1	764,00-762,04	+ 11,2	+ 24,5	N O	Beau, tr.-n., beau.	Éq. L.
2	761,50-760,34	+ 16,2	+ 25,5		Couv., tr.-n., beau.	
3	759,96-758,10	+ 17,5	+ 28,0	O	Nuag.. tr.-n., beau.	
4	760,20-758,12	+ 14,7	+ 24,6	O S O	Tr.-n., tr.-n., beau.	P. Q.
5	755,82-751,88	+ 12,5	+ 24,5	S O	Tr.-n., couv., pluie.	Apog.
6	755,24-759,82	+ 11,7	+ 19,7	O	Nuag.,p. pluie, nuag.	
7	760,04-762,34	+ 11,5	+ 21,1		Tr.-n., pl. fine, beau.	
8	762,28-760,80	+ 10,6	+ 23,2		Nuag., nuag., pluie.	L. A.
9	760,00-762,18	+ 12,5	+ 19,2	N O	Pluie, couv,, beau.	
10	763,24-764,78	+ 11,2	+ 21,9	N	Nuag., couv., beau.	
11	764,92-762,80	+ 11,5	+ 23,7		Vap., l. nuag., beau.	
12	761,80-759,76	+ 13,5	+ 26,5		Sup., l. nuag., beau.	P. L.
13	760,80-763,70	+ 15,0	+ 26,0	N O	Sup., nuag., vap.	
14	765,50-763,10	+ 11,7	+ 21,9	O	Nuag., nuag., nuag.	
15	760,60-758,60	+ 14,0	+ 21,7		Couv., couv., vap.	Éq. L.
16	757,64-759,60	+ 13,5	+ 21,2		Couv., tr.-n., nuag.	
17	760,20-759,10	+ 10,7	+ 21,5	N O	Beau, nuag., beau.	
18	760,80-759,75	+ 11,0	+ 24,0		Nuag., tr.-n., nuag.	Conj.
19	762,28-764,68	+ 13,0	+ 22,6		Nuag., nuag., nuag.	D. Q.
20	764,58-763,40	+ 12,0	+ 21,7	N	Tr.-n., voilé, beau.	Périg.
21	765,80-763,71	+ 9,4	+ 20,0	N O	Couv., nuag., beau.	
22	760,72-754,88	+ 10,2	+ 15,2	O S O	Tr.-n., pluie, couv.	L. B.
23	754,28-763,90	+ 9,0	+ 15,7	N O	P. nuag., tr.-n., pl.	
24	765,62-767,62	+ 8,7	+ 19,7		Beau, nuag., nuag.	
25	767,78-765,56	+ 8,2	+ 18,4	N	Beau, tr.-n., beau.	
26	765,72-763,24	+ 9,2	+ 19,7	N E	Nuag., tr.-n., beau.	Conj.
27	763,90-762,90	+ 10,2	+ 19,1	N	Couv., tr.-n., couv.	N. L.
28	762,92-761,78	+ 11,7	+ 18,5	N O	Couv., couv., pluie.	Eq. L.
29	762,20-763,62	+ 12,5	+ 20,0	N E	P. pluie, tr.-n., nuag.	
30	765,00-764,08	+ 11,0	+ 20,7		Nuag., nuag., beau.	
31	765,00-760,90	+ 10,2	+ 21,7	E	Sup., sup., éclairs.	

Eau tombée, 14mm,10.

PHASES LUNAIRES

P. Q. le 4, à 4 h. 10 m. du matin.
P. L. le 12, à 3 h. 6 m. du matin.
D. Q. le 19, à 2 h. 52 m. du matin.
N. L. le 26, à 1 h. 17 m. du matin.

POINTS LUNAIRES

Éq. L. le 1er, vers 6 h. du soir.
L. A. le 8, vers minuit.
Éq. L. le 15, vers minuit.
Conjug. le 18, vers minuit.
L. B. le 22, vers 6 h. du matin.
Conjug. le 26, vers midi.
Éq. L. le 28, vers minuit

OBSERVATOIRE (SEPTEMBRE 1813) DE PARIS

l. solaires.	BAROMÈTRE.	THERMOMÈTRE		VENTS	ASPECT DU CIEL	PHASES et POINTS lunaires.
		o	o			
1	758,34-756,32	+ 10,2	+ 10,1	S	Nuag., pluie, orage.	P. Q.
2	756,00-759,22	+ 13,7	+ 20,0	S O	Pluie, tr.-n., nuag.	Apog.
3	758,76-757,82	+ 9,5	+ 24,7		Nuag., nuag., tr.-n.	
4	758,64-756,82	+ 12,0	+ 23,0	S	Nuag,, couv., nuag.	
5	754,40-751,50	+ 12,7	+ 20,5		Pluie, couv., pluie.	L. A.
6	744,50-750,34	+ 9,6	+ 17,4	S O fort	Pluie, nuag., orage.	
7	751,20-752,10	+ 8,2	+ 16,7		Beau, tr.-n., pluie.	
8	752,84-755,46	+ 7,7	+ 15,2		Pluie, tr.-n., pluie.	
9	756,34-760,80	+ 7,2	+ 13,0	S Ȯ	Nuag., couv., nuag.	
10	763,56-767,64	+ 6,2	+ 18,5	N	Beau, tr.-n., beau.	P. L.
11	767,94-766,08	+ 8,7	+ 18,2		Couv., nuag., beau.	Éq. L.
12	764,20-760,00	+ 7,7	+ 19,7	S	Nuag., beau, beau.	Conj.
13	758,80-764,28	+ 10,2	+ 17,7	O	Nuag., nuag., beau.	
14	763,00-764,86	+ 7,5	+ 18,5		Couv., nuag., pluie.	Périg.
15	765,54-766,58	+ 5,7	+ 18,0	O N O	Nuag., nuag., nuag.	
16	766,50-767,24	+ 6,7	+ 20,1	N O	Nuag., nuag., beau.	
17	765,96-767,78	+ 10,7	+ 20,3	N	Couv., couv., nuag.	D. Q.
18	763,24-765,82	+ 11,5	+ 19,5		Couv. éclairc., couv.	L. B.
19	761,20-759,36	+ 9,5	+ 19,1	N E	Nuag., nuag., beau.	
20	759,32-757,40	+ 6,2	+ 19,0		Vapor., vap., beau.	
21	757,40-756,28	+ 8,2	+ 17,9		Nuag,, couv., couv.	
22	756,72-757,90	+ 10,6	+ 17,5	N N E	Couv., nuag., nuag.	
23	756,26-757,28	+ 12,7	+ 16,7	N fort	Couv., tr.-n., nuag.	Équin.
24	758,72-762,50	+ 9,7	+ 16,5	N	Couv., tr.-n., couv.	N. L.
25	763,00-759,60	+ 10,5	+ 18,0	N E fort	Tr.-n., nuag., couv.	Éq. L.
26	759,52-760,34	+ 10,0	+ 18,5	E	Nuag., nuag., beau.	
27	759,72-758,16	+ 8,5	+ 20,5	E N E	Beau, sup., n. et écl.	
28	758,40-759,48	+ 11,2	+ 18,6	O	Pluie, couv., tr.-n.	
29	761,10-762,68	+ 10,7	+ 15,5	N E	Couv., nuag., nuag.	Apog.
30	758,80-762,08	+ 6,7	+ 16,0		Nuag., nuag., couv.	

Eau tombée, 38ᵐᵐ,10.

PHASES LUNAIRES
P. Q. le 2, à 10 h. 9 m. du soir.
P. L. le 10, à 2 h. 22 m. du soir.
D. Q. le 17, à 8 h. 17 m. du mat.
N. L. le 24, à 2 h. 20 m. du soir.

POINTS LUNAIRES
L. A. le 5, vers midi.
Eq. L. le 12, vers 6 h. du matin.
Conjug. le 12, vers minuit.
L. B. le 18, vers midi.
Eq. L. le 25, vers 6 h. du matin.
Conjug. le 25, vers midi.

OBSERVATOIRE (OCTOBRE 1813) DE PARIS

J. solaires.	BAROMÈTRE	THERMOMÈTRE	VENTS	ASPECT DU CIEL	PHASES et POINTS lunaires.
1	755,28-753,16	+ 9,2+ 17,2	E	Couv., couv., orage.	L. A.
2	752,60-753,62	+ 11,5+ 17,0	S O	Couv., couv., couv.	P. Q.
3	752,50-756,74	+ 12,5+ 19,5		Couv., couv., beau.	
4	758,04-756,28	+ 12,0+ 20,5	S S O	Couv., nuag., couv.	
5	755,66-758,64	+ 15,5+ 23,5	O	Nuag., nuag., q.q. n.	Conj.
6	758,62-754,78	+ 14,0+ 22,0	S E	Nuag., l. couv., couv.	
7	751,24-754,06	+ 14,0+ 22,1	S O fort	Orag., couv., p. pl.	
8	760,28-755,56	+ 13,5+ 17,2		Pluie, tr.-n., pluie.	
9	750,06-751,74	+ 13,5+ 17,9	S O	Pl. fine, tr.-n., pl. fine.	Éq. L.
10	750,90-748,50	+ 12,0+ 17,2	O	Pluie, tr.-n., éclairs.	P. L.
11	744,96-752,78	+ 11,2+ 16,0	S O fort	Nuag., nuag., beau.	
12	756,80-759,44	+ 11,2+ 16,5	S O	Nuag., couv., couv.	Périg.
13	754,54-751,66	+ 11,5+ 20,3	S O fort	P. pluie, tr.-n., pluie.	
14	751,02-757,56	+ 5,0+ 11,1		Nuag., tr.-n., nuag.	
15	755,84-747,64	+ 1,5+ 12,0	S	Beau, beau, pl. fine.	L. B.
16	746,44-739,36	+ 7,5+ 13,5	S O fort	Tr.-n., tr.-n., pl. fine.	D. Q.
17	733,90-736,96	+ 11,2+ 14,2		Pluie, tr.-n., éclairc.	
18	746,84-750,40	+ 6,0+ 12,6	S O	Nuag., tr.-n. pluie.	
19	751,92-754,44	+ 5,2+ 11,6		Couv., q.q. g. d'eau, beau.	
20	752,80-749,00	+ 3,7+ 14,7	S E	Voilé, lég. nuag., or.	
21	749,22-754,02	+ 9,0+ 13,5	S O	Pl. ab., nuag., beau.	
22	752,62-754,34	+ 10,0+ 18,5		A. beau, voilé, nuag.	Éq. L.
23	754,90-756,54	+ 10,6+ 19,2		Nuag., nuag., pluie.	
24	754,84-751,12	+ 11,5+ 18,7	N E	Nuag., nuag., p. pl.	N. L.
25	751,20-755,56	+ 5,2+ 10,7		Couv., nuag., beau.	Conj.
26	758,10-756,40	+ 1,5+ 6,7	N E fort	Nuag., couv., pluie.	
27	753,04-755,04	+ 2,7+ 6,5	S O	Pluie., éclairc., couv.	Apog.
28	754,28-753,16	— 0,5+ 7,0	N E	Beau, nuag., pl. fine.	
29	754,50-756,48	+ 3,5+ 6,7	N N E	Couv., couv., beau.	L. A.
30	755,04-750,56	— 2,4+ 6,8	N O	Nuag. à l'hor., v. couv.	
31	743,20-739,88	+ 3,7+ 12,0	S O fort	Couv., pluie, pluie.	

Eau tombée, 59mm,35.

PHASES LUNAIRES	POINTS LUNAIRES
P. Q. le 2, à 4 h. 55 m. du soir.	L. A. le 2, vers 6 h. du soir.
P. L. le 10, à 0 h. 40 m. du matin.	Conjug. le 8, vers midi.
D. Q. le 16, à 3 h. 43 m. du soir.	Éq. L. le 9, vers midi.
N. L. le 24, à 6 h. 5 m. du matin.	L. B. le 15, vers 6 h. du soir.
	Éq. L. le 22, avant midi.
	Conjug. le 25, vers 6 h. du soir.
	L. A. le 29, vers minuit.

OBSERVATOIRE (NOVEMBRE 1813) DE PARIS

J. solaires.	BAROMÈTRE	THERMOMÈTRE		VENTS	ASPECT DU CIEL	PHASES et POINTS lunaires.
1	742,28-749,56	+ 3,7	+ 10,6	O	Nuag., nuag., beau.	P. Q.
2	756,28-750,50	— 0,6	+ 10,0	N O	Nuag., p. nuag., pl.	
3	748,60-762,42	+ 6,5	+ 9,7	N	Pluie ab., tr.-n., pl.	
4	767,52-769,28	+ 3,5	+ 9,2	N O	Nuag., nuag., tr.-n.	
5	769,38-764,68	+ 0,7	+ 7,0	N	Brouill., beau, nuag.	Éq. L.
6	760,58-757,72	— 0,5	+ 6,9	N E.	P. nuag., beau, nuag.	
7	754,80-758,00	+ 2,0	+ 10,2	O	Pluie., nuag., pluie.	
8	750,82-753,50	+ 10,0	+ 14,5	S O fort	Pl. ab., pluie, pluie.	P. L.
9	753,64-757,44	+ 10,2	+ 14,0		Pl. fine, pl. int., nuag.	Périg.
10	758,24-755,24	+ 10,0	+ 14,1	S	Pl. fine, pluie, couv.	
11	756,86-761,10	+ 7,5	+ 10,2	S O	Pluie, pl. fine, beau.	L. B.
12	760,24-753,28	+ 7,5	+ 11,7		Couv., couv., tr.-n.	
13	749,20-749,74	+ 3,2	+ 8,4	O	P. pluie, couv., beau.	
14	749,76-751,22	+ 0,5	+ 6,5		Nuag., couv., nuag.	
15	742,80-749,90	+ 3,7	+ 8,7	S O	Pluie, gr., p. pluie.	D. Q.
16	746,80-749,60	+ 3,7	+ 7,5	O	Couv., tr.-n., p. pluie.	
17	739,30-743,00	+ 2,7	+ 9,0	O fort	Pluie, pl. int., neige.	
18	750,44-753,12	+ 2,0	+ 6,0	O S O	Nuag., pl. int., couv.	Éq. L.
19	753,84-755,50	+ 3,5	+ 10,5	S O	Couv., pl. int., pluie.	
20	758,72-760,66	+ 9,5	+ 12,7	O	Couv., couv., couv.	
21	760,42-759,12	+ 8,5	+ 11,7	S E	Couv., couv., couv.	
22	759,12-759,76	+ 8,0	+ 9,2		Couv., couv., couv.	Apog.
23	759,84-758,64	+ 6,2	+ 7,4	E	Couv., couv., couv.	N. L.
24	789,40-760,36	+ 4,2	+ 7,7	N E	Couv., couv., nuag.	Conj.
25	760,50-759,80	+ 4,2	+ 6,7		Couv., nuag., couv.	
26	759,80-759,34	+ 1,7	+ 3,7		Couv., couv., couv.	L. A.
27	759,40-756,58	— 0,8	+ 3,0		Beau, beau, beau.	
28	754,48-753,12	— 1,7	+ 1,7		Beau, beau, nuag.	
29	755,52-758,40	— 1,7	+ 1,7		Beau, tr.-n., sup.	
30	757,52-748,64	— 5,2	+ 0,5	E S E	Beau, lég. vap., couv.	

Eau tombée, 40mm,70.

PHASES LUNAIRES	POINTS LUNAIRES
P. Q. le 1, à 11 h. 7 m. du matin.	Conj. le 2, vers 6 h. du soir.
P. L. le 8, à 10 h. 32 m. du matin.	Éq. L. le 5, vers minuit.
D. Q. le 15, à 2 h. 10 m. du matin.	L. B. le 11, vers minuit.
N. L. le 23, à 0 h. 7 m. du matin.	Éq. L. le 18, vers 6 h. du soir.
	Conj. le 24, vers 6 h. du soir.
	L. A. le 26, vers midi.

OBSERVATOIRE (DÉCEMBRE 1813) DE PARIS

J. solaires.	BAROMÈTRE	THERMOMÈTRE		VENTS	ASPECT DU CIEL	PHASES et POINTS lunaires.
		o	o			
1	744,32-747,50	— 1,0	+ 2,4	E	Neige, neige fi., couv.	P. Q.
2	747,16-737,72	— 0,5	+ 3,7	S E	Couv., éclaire., pluie.	
3	735,48-737,26	+ 3,2	+ 8,1		Couv., tr.-n., nuag.	Éq. L.
4	738,50-742,20	+ 2,5	+ 5,2	N N E	Pluie fi., pluie, pluie.	
5	747,10-749,50	+ 2,0	+ 6,0	S	Couv., tr.-n., l. vap.	
6	751,40-752,44	+ 1,0	+ 3,6	N E	Nuag., nuag., nuag.	
7	751,18-751,80	+ 1,0	+ 5,6		Pluie fi., couv., couv.	Périg.
8	753,56-786,80	+ 2,7	+ 5,7	S O	Pluie fi., couv., nuag.	P. L.
9	755,70-754,50	+ 3,5	+ 5,5	N E	Couv., couv., couv.	L. B.
10	754,20-757,70	+ 2,0	+ 4,7		Couv., couv., couv.	
11	760,44-761,90	— 1,5	+ 0,8		Beau, beau, sup.	
12	761,42-757,80	— 4,5	+ 0,2	E S E	Beau, beau, couv.	
13	753,40-756,50	+ 1,7	+ 4,5	S O	Q. q. g. d'eau, couv., couv.	
14	756,96-755,20	— 1,7	+ 1.5	N E	L. nuag., beau, couv.	D. Q.
15	755,22-756,16	— 1,7	+ 0,2		Couv., voilé, couv.	
16	751,32-747,86	— 1,5	+ 3,7	S	Givre, couv., couv.	Éq. L.
17	749,20-743,88	+ 5,2	+ 8,7		Couv., pluie pluie.	
18	743,88-746,50	+ 9,0	+ 11,2	S O	Couv., pl. int., nuag.	
19	742,84-738,60	+ 7,7	+ 8,7	S	Pluie, pluie, pluie.	
20	745,72-750,50	+ 3,7	+ 7,5	S O	Nuag., p. pluie, nuag.	Apog.
21	753,40-751,44	+ 2,7	+ 7,0	S	Couv., nuag., pluie.	N. L.
22	752,64-748,96	+ 5,5	+ 8,5	S O	Couv., couv., couv.	Solst.
23	753,00-761,00	+ 4,5	+ 5,6	N O	Couv., couv., couv.	L. A.
24	762,46-763,86	+ 4,2	+ 8,2	S	Couv., couv., pl. fine.	q. Conj.
25	764,46-765,08	+ 1,2	+ 5,5		Couv., couv., couv.	
26	766,20-772,00	+ 1,2	+ 4,9	S E	Pl. fine, couv., couv.	
27	773,36-771,80	— 1,5	+ 3,7	N E	Beau, beau, beau.	
28	770,42-768,60	— 2,0	+ 2,5	E S E	Givre, beau, couv.	
29	768,94-767,50	— 2,2	— 0,5	N E	Couv., couv., couv.	P. Q.
30	768,52-767,80	— 3,7	+ 2,2		Beau, beau, nuag.	Éq. L.
31	767,52-766,62	— 2,7	+ 3,5	N N E	Nuag., beau, beau.	

Eau tombée, 33mm,40.

PHASES LUNAIRES	POINTS LUNAIRES
P. Q. le 1er, à 3 h. 12 m. du matin.	Eq. L. le 3, vers midi.
P. L. le 7, à 8 h. 34 m. du soir.	L. B. le 9, vers midi.
D. Q. le 14, à 4 h. 2 m. du soir.	Eq. L. le 15, vers 6 h. du matin.
N. L. le 22, à 7 h. 24 m. du soir.	L. A. le 23, vers 6 h. du soir.
P. Q. le 30, à 4 h. 19 m. du soir.	Quasi-Conjug. le 23, vers 6 h. du soir.
	Éq. L. le 30, vers 6 h. du soir.

OBSERVATIONS

RECUEILLIES PAR NOUS A DOULLENS (SOMME)

PENDANT L'ANNÉE 1851

ANNÉE QUI, DANS LA PÉRIODE LUNAIRE DE 19 ANS,
CORRESPOND A LA PRÉSENTE ANNÉE 1870.

Jusqu'à ce jour, je n'ai pu donner, en fait d'*observations météorologiques de l'Observatoire de Paris*, que celles d'une seule année du cycle lunaire de 19 ans, d'après les publications qu'en a faites chaque mois l'astronome Bouvard dans le *Journal de physique et de chimie*. La raison en était que, dès que le régime de l'Observatoire eut été dévolu à Fr. Arago, le mépris que professait ce parvenu pour la météorologie fit complétement disparaître de ces tables les détails de l'aspect du ciel, qui offrent aujourd'hui un intérêt si piquant à ces parties de l'observation journalière ; et j'ai plus d'une fois regretté que les registres de l'Observatoire soient tenus sous clés pour certains hommes de ma catégorie ; j'aurais pu autrement réparer les oublis d'Arago.

Depuis l'année 1869, nous sommes arrivé à une année comparative qui nous a mis enfin à même de donner tout à la fois deux points de comparaison de ce genre, grâce au journal que j'ai commencé en prison, depuis 1849, et que je n'ai interrompu depuis que juste le temps nécessaire à mes divers déménagements. Je pourrai donc joindre aux *observations météorologiques de* 1813, faites par Bouvard à l'*Observatoire de Paris,* mes propres observations faites à l'Observatoire que j'ai pu établir dans ma prison de Doullens d'abord, et que j'ai continuées, presque sans interruption, pendant mes dix ans d'exil, à Boitsfort et à Uccle (Belgique), et ensuite ici dans les environs de Paris ; ce qui fait un espace de vingt ans environ.

La citadelle de Doullens est construite sur un plateau élevé, d'après le commandant du fort à cette époque, de 40 mètres au-dessus du pont de la petite rivière de l'Authie qui passe au bas de Doullens ; et ce pont est élevé, d'après l'*Annuaire du bureau des longitudes,* de 60 mètres au-dessus du niveau de la mer ; la cuvette de mon baromètre était fixée à 3^m 88 au-dessus du sol, par conséquent à 103^m 88 au-dessus du niveau de la mer : ce qui pourra expliquer les différences de l'annotation barométrique entre les deux situations de Paris et de Doullens.

Dans l'*Almanach* de 1865 et 1866, j'ai décrit plus amplement les difficultés que je rencontrai pour établir mon petit observatoire, dans cette prison où le

jésuitisme me tenait entouré de ses agents provocateurs ; ma patience est venue à bout de les surmonter
toutes et d'apporter, dans l'étude des phénomènes,
une précision que n'ont jamais obtenue les riches siné-
curistes de l'*Observatoire de Paris;* j'observais pendant qu'ils dansaient officiellement, et jamais je n'ai
eu de plus douces jouissances ; j'étais plus heureux
qu'eux, je puis vous l'assurer.

Cette année, les trois années comparatives n'étant
ni l'une ni l'autre bissextiles, nous serons débarrassés
de l'inconvénient qui tient à la sotte intercalation que
fait le calendrier grégorien du jour de l'année bissextile, après le 28 février ; ce qui fait que le 29 février
d'une année bissextile correspond au 1er mars de
l'année qui ne l'est pas ; et cela continue, dès ce moment, tout le restant de l'année et oblige de chercher
la concordance des phénomènes météorologiques de
chaque jour de l'année non bissextile, la veille du
jour de l'année bissextile, et semble placer les phases
et points lunaires de l'une à 24 heures de distance apparente de l'autre ; inconvénient qui n'aurait jamais
lieu entre les années sextiles ou non de l'ère républicaine, qui intercale ce jour à la fin de l'année, comme
sixième des jours complémentaires.

A l'époque de Bouvard, la météorologie marchait
un peu à l'aventure, quant au classement des observations ; on en était venu à penser qu'il suffisait d'observer et de noter le *maximum* et le *minimum* de
l'élévation de la colonne barométrique, à quelque
heure du jour que tombât l'une ou l'autre de ces deux

notations ; idem des observations thermométriques. On ne possédait pas encore alors les thermomètres *minima* ; en sorte que pour avoir le *minimum*, on observait, tantôt de grand matin, tantôt bien tard dans la soirée : ce qui fait que le *minimum* indiqué sur le tableau appartient tantôt à la veille, tantôt au lendemain ; ce qui n'a pas lieu dans le tableau que nous offrons des observations de 1851, dans lequel le *minimum*, enregistré par le thermomètre *ad hoc*, appartient dans tous les cas à la nuit qui précède le jour de la semaine.

Ces remarques une fois bien comprises, nous allons livrer avec confiance au public le *tableau de l'année* 1851, d'après les observations que nous avons faites à Doullens, en assurant que ces observations se renouvelleront jour par jour cette année ; si l'on transporte les observations thermométriques et barométriques du périgée d'une année au périgée de l'autre, et de même à l'égard de celles des apogées respectives ; enfin, en admettant que les contradictions qui pourraient survenir seraient des indications suffisantes de la présence d'une comète.

Dès le commencement de juillet 1869, je ne cessai de dire que nous avions sur l'horizon une comète dont les déplacements nous donnaient ces longues et vaporeuses sécheresses, que j'appelle *sécheresses cométaires*, et ces pluies diluviennes, quoique de courte durée, mais les unes et les autres en opposition avec les observations barométriques : le tout accompagné de l'apparition du choléra ou de la fièvre jaune sur certaines localités de la côte occidentale d'Afrique, lorsque, le 14 août 1869, Guillaume Tempel, astronome à Marseille, vers les deux heures et demie du matin, a découvert une belle comète ronde, de 8 à 10 minutes de diamètre, dans la harpe du Roi Georges, vers 59 degrés 29 minutes d'ascension droite et 98 degrés 38 minutes de distance polaire, à peu près à la rencontre d'une ligne tirée à angle droit des *Pléiades*, avec une autre tirée de la belle étoile *Rigel* d'*Orion*.

Toutes les fois que le baromètre baissera sans que les nuages apparaissent, que la température s'élèvera avec la sécheresse, que l'horizon vous offrira une nuée sèche de vapeurs comme brûlantes, que j'appelle vapeurs et brouillards de comète, et que les nuages qui apparaîtront s'isoleront de plus en plus en s'amoindrissant et en finissant par disparaître dans les airs, vous pouvez, sans crainte d'être démenti par l'événement, prédire la découverte de l'un de ces corps lenticulaires et transparents, dont l'interposition est dans le cas de concentrer sur la terre les rayons solaires, changeant leur influence *morbipare*, en changeant de place leur dard de feu ; corps visibles ou invisibles selon leur distance du soleil.

Dès que leur influence cesse, toute la quantité d'eau que ces corps avaient élevée dans l'atmosphère finit par se condenser en nuages, par fondre sur la terre en cataractes diluviennes ; et, dès ce moment, cessent en même temps et la sécheresse exceptionnelle et le choléra.

Dernière observation à faire dans l'étude comparative des phénomènes des trois années correspondantes : je vous ai déjà dit depuis longtemps que l'introduction des chemins de fer a importé dans notre atmosphère des phénomènes inconnus jusqu'alors, d'où la maladie des pommes de terre ou autres végétaux et les maladies des vers à soie, etc. ; il s'agira de voir s'il n'en a pas été de même des phénomènes météorologiques, et si l'année 1851 n'offrira pas plus de ressemblance avec l'année 1870, que l'année 1813, où les chemins de fer n'avaient pas même été pressentis.

Vous remarquerez, en outre, une grande différence entre les quantités d'eau tombées à Doullens et à Paris ; plus on approche de la mer du Nord et plus les pluies sont fréquentes et abondantes.

CITADELLE (JANVIER 1851) DE DOULLENS (Somme)

J. solaires.	BAROMÈTRE à zéro	THERMOMÈTRE	VENTS	ASPECT DU CIEL	PHASES et POINTS lunaires.
1	753,21-753,46	+ 7,0+ 8,0	S, SO, S	Couv., couv., couv.	L. A.
2	752,97-753,46	+ 7,3+ 9,4	S	A. beau, beau, couv.	N. L.
3	755,13-754,22	+ 5,5+ 7,4	S, SE, S	Nuag., nuag., couv.	q. Conj.
4	753,72-750,71	+ 4,0+ 7,0	S, SSE	Magn., éclairc., voilé.	
5	745,52-744,45	+ 5,2+ 7,4	S, O, S	Couv., couv., nuag.	
6	743,94-744,38	+ 3,6+ 5,7	S, E	Brouil., couv., somb.	Apog.
7	743,80-742,44	+ 2,0+ 4,8	SE, E	Brouil., brum., brum.	
8	743,75-745,29	+ 6,5+ 7,8	O, S	Nuag., magn., nuag.	
9	749,30-755,78	+ 4,4+ 7,0	SO, NO, O	Eclairc., nuag., mag.	Éq. L.
10	757,45-756,48	+ 2,0+ 5,0	SSE, SE	Voilé, pluie, pluie f.	P. Q.
11	760,66-759,53	+ 5,0+ 6,4	SE, S	Br., couv., pluie fine.	
12	756,53-755,21	+ 5,0+ 7,1	SE	Pluie fine, pl. f., pl. f.	
13	753,14-751,93	+ 4,4+ 5,2	SE	Brouil., couv., couv.	
14	747,37-742,19	+ 0,6+ 3,1	SE, E	Mag., a beau, a. beau.	
15	737,43-740,87	+ 3,8+ 7,0	E, SE	Pluie, nuag., nuag.	
16	750,23-750,06	+ 2,1+ 6,0	E, S, SE	Magn., magn., nuag.	L. B.
17	746,88-749,67	+ 5,3+ 6,7	S, O, SE	Nuag., nuag. mag.	P. L.
18	753,09-757,16	+ 3,8+ 6,5	O	Beau, a. beau, beau.	Périg.
19	758,94-757,59	+ 1,0+ 5,0	E, SE, S	Beau, brum., brouil.	
20	755,12-751,27	+ 1,0+ 1,4	SE, S, SE	Couv., couv., brum.	
21	745,18-744,39	+ 6,4+ 8,2	S, SO	Rafal., raf., éclairc.	
22	750,61-757,10	+ 3,8+ 5,6	O	Nuag., a. beau., mag.	Éq. L.
23	762,88-763,61	+ 0,2+ 5,0	SE, SO, O	Magn., magn., a beau.	
24	761,01-757,36	+ 0,4+ 1,6	E, NE	Brouil., a beau, couv.	D. Q.
25	755,58-755,09	+ 0,7+ 1,8	O, S	Brum., brum., brum.	
26	753,63-750,21	— 0,6+ 0,8	S, SE	Brum., éclair., écl.	
27	752,30-754,57	+ 1,4+ 4,6	O, NO	Ecl. a. beau, magn.	Conj.
28	752,90-752,32	+ 1,2+ 4,8	S, O	Pluie, éclairc.. beau.	
29	752,18-750,37	+ 8,2+ 9,4	O	Couv., éclairc., couv.	L. A.
30	746,04-745,74	+ 5,0+ 6,4	O	Beau, nuag., beau.	
31	737,50-736,83	+ 3,2+ 6,4	SO, S	A. beau, a. beau, mag.	

Eau tombée, 43mm,13.

PHASES LUNAIRES	POINTS LUNAIRES
N. L. le 2, à 10 h. 53 m. du matin.	L. A. le 1er, vers midi.
P. Q. le 10, à 4 h. 31 m. du soir.	Quasi-Conjug. le 3, vers midi.
P. L. le 17, à 4 h. 52 m. du soir.	Eq. L. le 9, vers minuit.
D. Q. le 24, à 8 h. 26 m. du matin.	L. B. le 16, vers midi.
	Eq. L. le 22, vers midi.
	Conjug. ls 27 vers midi.
	L. A. le 29 vers midi.

CITADELLE (FÉVRIER 1851) DE DOULLENS (Somme)

J. solaires.	BAROMÈTRE à zéro	THERMOMÈTRE		VENTS	ASPECT DU CIEL	PHASES et POINTS lunaires.
		°	°			
1	739,49-738,81	+ 1,9	+ 4,2	SE, N	Vapor., couv., couv.	N. L.
2	741,83-743,17	+ 2,6	+ 5,4	S, SE	Beau, beau, beau.	Apog.
3	743,71-742,59	+ 1,4	+ 6,6	N, S, SE	Nuag., magn., nuag.	
4	748,34-752,61	+ 4,0	+ 5,6	O, NO, N	Nuag., beau, beau.	
5	754,78-751,03	+ 1,4	+ 6,2	S fort.	Nuag., écl., a. beau.	
6	749,35-754,43	+ 4,4	+ 5,4	O	Beau, écl., a. beau.	
7	761,39-758,92	+ 1,0	+ 5,2	SO, O	Vapor., couv., pluie.	Éq. L.
8	750,49-753,32	+ 8,0	+ 9,2	O, NO viol.	Pluie, écl., écl.,	
9	759,89-761,07	+ 4,2	+ 5,7	O. NO, NE	Bruine, écl., a. beau.	P. Q.
10	764,34-762,83	+ 3,2	+ 4,4	NE, E, NE	Couv., éclairc., écl.	
11	762,36-760,59	— 0,6	+ 4,2	E	Brouil., a.beau., a.b.	
12	759,16-757,26	— 1,0	+ 4,7	E, S, O.	A.beau, a. beau, a. b.	L. B.
13	755,66-754,96	+ 2,2	+ 4,8	N, O.	Couv., couv., bruine.	
14	758,93-759,77	+ 3,2	+ 4,4	ENE, E	Brouill., couv., beau.	
15	762,05-761,39	— 1,2	+ 2,8	E, ESE, E	Magn., magn , magn.	P. L.
16	761,84-760,20	— 2,2	+ 2,2	ENE, E.	Magn., magn., magn.	Périg.
17	757,78-757,40	— 2,4	+ 3,8	SSE, SO, O	Magn., magn., magn.	
18	758,57-757,07	+ 1,2	+ 8,6	SE fort, SO	Nuag., beau, a. beau.	Eq. L.
19	756,15-753,92	+ 4,2	+ 8,7	SO, O fort.	Nuag., nuag., nuag.,	
20	750,65-748,30	+ 4,0	+ 8,4	SSE, O, NO	Nuag., a. beau, nuag.	
21	748,09-749,73	+ 4,4	+ 7,2	N E	Couv., couv., écl.	Conj.
22	753,68-753,54	+ 2,0	+ 7,4	E, NE	A. beau, a. b., nuag.	D. Q.
23	751,64-749,85	+ 0,6	+ 7,2	E	A. beau, beau, voilé.	
24	750,49-749,81	+ 2,8	+ 8,8	E fort	Bruine fine, beau.	
25	749,79-749,89	+ 2,0	+ 9,6	E, ESE	A. beau, a. b., voilé.	L. A.
26	756,07-758,90	+ 3,4	+ 4,6	NE, NO	Sombre, écl., écl.	
27	761,59-759,95	— 0,8	— 4,4	NO, O	Nuag., beau, beau.	
28	761,69-760,65	— 1,0	+ 3,6	NE	Couv., magn., couv.	

Eau tombée, 34mm,08.

PHASES LUNAIRES	POINTS LUNAIRES
N. L. le 1er, à 6h. 11 m. du matin.	Conjug. le 1er, vers midi.
P. Q. le 9, à 9h. 5 m. du matin.	Éq. L. le 6, vers midi.
P. L. le 16, à 3h. 38 m. du matin.	L. B. le 12, vers minuit.
D. Q. le 22, à 9 h. 48 m. du soir.	Éq. L. le 18, vers minuit.
	Conjug. le 21, vers midi.
	L. A. le 25, vers minuit.

CITADELLE (**MARS 1851**) DE DOULLENS (Somme)

J. solaires.	BAROMÈTRE à zéro	THERMOMÈTRE	VENTS	ASPECT DU CIEL	PHASES et POINTS lunaires.
1	758,33-756,30	+ 0,8+ 4,4	O, ONO	Neige, nuag., nuag.	Apog.
2	759,93-762,25	— 0,4+ 2,2	N, NE, N	Mag. nuag., nuag.	
3	761,62-758,23	— 0,6+ 2,4	O, SOf., O	Voilé, couv., couv.	N. L.
4	755,64-754,79	+ 1,4+ 6,3	O, NO, O	Couv., nuag., nuag.	Conj.
5	751,27-746,45	+ 3,8+ 8,8	SO O tr.-f.	Eclairc., a. beau, couv.	Éq. L.
6	754,88-755,66	+ 1,4+ 4,4	NNO, NO v.	Mag. couv., couv.	
7	750,68-751,60	+ 3,2+ 5,6	O, N	Pluie, nuag. couv.	
8	754,21-755,79	+ 3,6+ 5,4	NE, N, NE	Couv., couv., éclairc.	
9	755,44-751,72	+ 0,0+ 6,3	SE, SSE	Magn., beau, a. beau.	
10	744,46-745,94	+ 1,6+ 3,2	SE, S, NO	Neige, couv., pluie.	P. Q.
11	750,01-751,92	+ 2,0+ 4,0	NO	Pluie, couv., couv.	
12	749,55-745,16	+ 1,6+ 5,8	SE, Sf., SE	Brouill., éclairc., pl.	L. B.
13	747,27-748,88	+ 5,6+ 8,2	O	Nuag., nuag., nuag.	
14	750,94-749,57	+ 2,2+10,0	S, SE	Beau, nuag., nuag.	
15	746,04-745,65	+ 4,4+ 5,2	SE, OSO	Pluie, pluie, couv.	
16	749,57-750,49	+ 4,6+ 7,6	O	Nuag., nuag., a. beau.	Périg.
17	749,26-742,86	+ 4,2+ 7,8	SE, SE f.	Brum. couv., pluie.	P. L.
18	750,97-748,57	+ 6,4+ 8,2	N, S, O v.	Nuag., bruine, pluie.	Conj.
19	747,79-745,41	+ 7,8+11,6	O	Pl. fine, pl. fi., pl. fi.	Eq. L.
20	740,93-739,97	+10,6+12,2	SO viol.	Nuag., nuag., nuag.	
21	739,42-738,21	+ 8,6+11,6	SE, S viol.	Couv., couv., nuag.	Équin.
22	730,77-736,31	+ 7,6+ 9,6	S f., SE v.	Nuag., nuag., nuag.	
23	733,12-737,30	+ 7,4+10,6	St. v. SO v. O	Nuag., éclairc., écl.	
24	742,98-745,68	+ 5,2+ 9,8	SO, O	Nuag., nuag., couv.	D. Q.
25	749,27-749,24	+ 7,4+ 9,6	O, S	Eclairc., nuag., pluie.	L. A.
26	745,05-740,91	+10,8+10,2	SSO Sf. O v.	Couv., couv., couv.	
27	746,34-744,44	+ 6,5+10,0	O fort	Pluie, pluie, pluie.	
28	747,91-750,79	+ 9,6+10,8	O v. NOf. O	Pluie, éclairc., écl.	Apog.
29	746,24-743,34	+10,0+10,4	O tr.-fort,	Pl. forte, pluie, pl.	
30	746,04-745,46	+ 6,8+ 9,2	O viol.	Pluie, éclairc., écl.	
31	753,18-756,74	+ 5,4+ 8,0	NO	Nuag., éclairc., n.	

Eau tombée, 109mm,74.

PHASES LUNAIRES	POINTS LUNAIRES
N. L. le 3, à 1 h. 24 m. du matin.	Conjug. le 4, vers minuit.
P. Q. le 10, à 9 h. 54 m. du soir.	Eq. L. le 5, vers midi.
P. L. le 17, à 1 h. 28 m. du soir.	L. B. le 12, vers midi.
D. Q. le 24, à 1 h. 35 m. du soir.	Conjug. le 17, vers midi.
	Éq. L. le 18, vers midi.
	L. A. le 25, vers midi.

CITADELLE (AVRIL 1851) DE DOULLENS (Somme)

j. solaire.	BAROMÈTRE à zéro	THERMOMÈTRE	VENTS	ASPECT DU CIEL	PHASES et POINTS lunaires.
1	755,95-756,12	+ 4,4+ 8,2	NO	Couv., éclairc., nuag.	N. L.
2	758,21-757,18	+ 1,0+ 9,6	S, O	Nuag., nuag., couv.	Éq. L.
3	754,84-754,68	+ 5,5+ 9,0	NO, O	Couv., nuag., couv.	Conj.
4	755,15-756,00	+ 2,5+ 8,0	N, NO, N	Nuag., nuag., nuag.	
5	751,63-751,99	+ 2,0+ 6,6	N, NE	Nuag., éclairc. écl.	
6	755,15-754,68	+ 0,0+ 5,8	NE, N	Magn., nuag., bruin.	
7	754,24-753,39	+ 2,0+ 5,6	NE	Couv., éclairc., couv.	
8	750,27-748,29	+ 3,0+ 7,8	N E	Bruine, grêle, nuag.	L. B.
9	748,15-749,68	+ 2,0+ 8,8	ONO, NO, O	Couv., nuag., beau.	P. Q.
10	751,37-751,09	+ 3,5+ 7,8	NNO, N, NE	Couv., couv., grêle.	
11	751,48-749,74	+ 1,2+ 9,4	N	Nuag., nuag., nuag.	
12	748,34-750,52	+ 2,5+ 9,8	N E	Bruine, écl., a. beau.	Périg.
13	751,01-750,61	+ 3,0+10,2	N E	Couv., couv., couv.	Conj.
14	750,04-749,04	+ 5,0+ 9,4	N E	Couv., couv., couv.	Éq. L.
15	747,79-748,67	+ 5,3+10,0	N E	Couv., bruin., bruin.	P. L.
16	749,93-749,64	+ 6,5+16,4	NE, E	Couv., éclaire., écl.	
17	749,81-751,14	+ 8,5+15,8	O, SO, O	Beau, couv., nuag.	
18	753,02-750,81	+ 8,0+19,0	S, SO	Magn., couv., nuag.	
19	755,23-753,93	+ 8,0+16,6	NO, E	Eclairc., voilé, voil.	
20	747,40-743,72	+ 9,0+16,6	E, S, SE	Nuag., couv., pluie.	
21	744,92-744,54	+ 9,0+18,2	O, S	Pluie, écl., a. beau.	L. A.
22	740,42-739,13	+10,0+18,6	S, O	Pluie, pluie, éclair.	
23	756,76-747,54	+ 9,0+14,2	O, NO	Ecl., nuag., nuag.	D. Q.
24	749,31-747,90	+ 6,5+15,4	OSO, O, OSO	Eclairc., écl., écl.	
25	746,91-747,55	+ 6,5+10,2	NE, N, NO	Couv., nuag., couv.	Apog.
26	748,98-746,34	+ 4,0+13,6	NO, O	Magn., nuag., couv.	
27	741,83-740,40	+ 4,2+ 6,8	O, NE f.	Pluie, bruine, bruine.	
28	744,10-745,28	+ 1,5+ 8,8	O, SO, N	Tr.-beau, nuag., nuag.	Éq. L.
29	745,92-745,07	+ 3,0+ 8,8	SO, O, SOv.	Magn., grêle et pl., gr. et pl.	
30	746,04-746,07	+ 3,2+ 8,2	SO viol. O	Ecl., pluie, pluie.	

Eau tombée, 80mm,3.

PHASES LUNAIRES	POINTS LUNAIRES
N. L. le 1er, à 6 h. 42 m. du soir.	Eq. L. le 1er, avant midi.
P. Q. le 9, à 7 h. 11 m. du matin.	Conjug. le 2, avant minuit.
P. L. le 15, à 10 h. 45 m. du soir.	L. B. le 4, vers minuit.
D. Q. le 23, à 7 h. 7 m. du matin.	Conjug. le 13, avant midi.
	Éq. L. le 14, vers minuit.
	L. A. le 21, vers midi.
	Eq. L. le 28, vers minuit.

CITADELLE (MAI 1851) DE DOULLENS (Somme)

J. solaires.	BAROMÈTRE à zéro	THERMOMÈTRE	VENTS	ASPECT DU CIEL	PHASES et POINTS lunaires.
1	747,91-748,06	+ 4,0+11,8	NO, O, NO	Eclairc., nuag., beau.	N. L.
2	744,01-745,44	+ 4,5+11,0	SE, O, NNO	Couv., nuag., couv.	Conj.
3	748,86-747,18	+ 4,0+11,4	NO, O	Beau, nuag., a. beau.	
4	743,99-743,00	+ 5,0+ 7,4	N, Q	Couv., couv., pluie.	
5	744,55-745,01	+ 3,0+ 9,6	ONO, NO	Nuag., grêle, nuag.	L. B.
6	746,64-748,67	+ 4,0+ 9,8	NO	Pluie, éclairc., écl.	
7	751,42-751,48	+ 5,8+11,2	SO, O	Nuag., nuag., nuag.	
8	750,05-747,02	+ 2,9+13,0	E, SO, SE	Magn., nuag., couv.	P. Q.
9	746,82-746,22	+ 6,0+17,0	SE	Magn., beau, beau.	Conj.
10	744,68-744,76	+ 7,5+18,0	SO, E, O	Magn., a. beau, éclairc.	
11	746,48-745,32	+ 7,0+16,6	SE, E, NE	Nuag., nuag., couv.	Périg.
12	748,57-749,65	+ 8,5+16,0	N, NE	Nuag., éclairc., nuag.	Éq. L.
13	757,17-757,05	+ 8,0+ 8,8	NE	Couv., nuag., couv.	
14	759,33-758,79	+ 4,5+11,8	NE fort	Nuag., a. beau, a. beau.	
15	758,23-756,34	+ 4,5+13,6	NE	Magn., a. beau, beau.	P. L.
16	756,38-754,66	+ 3,5+15,4	N, NO	Magn., beau, nuag.	
17	754,30-752,93	+ 4,5+18,4	S, O	A. beau, nuag., nuag.	
18	753,17-751,51	+ 8,5+13,4	SO, O, NO	Nuag., nuag., pluie.	L. A.
19	752,83-751,35	+ 7,5+12,6	O, O viol.	Pluie, pluie, éclairc.	
20	757,24-759,47	+ 5,8+14,0	O, ONO	Beau, nuag., nuag.	
21	760,41-759,75	+ 7,5+12,2	O	Nuag., bruine, couv.	
22	760,28-759,85	+10,0+17,8	N, ONO, NO	Eclairc., nuag., nuag.	
23	759,58-758,67	+11,0+18,6	N, NO, N	Nuag., éclairc., nuag.	D. Q.
24	761,12-761,04	+ 6,5+15,2	N, NE	Nuag., éclairc., a. beau.	Apog.
25	760,79-755,91	+ 5,0+18,0	O	Nuag., éclairc., couv.	Éq. L.
26	749,64-750,60	+ 9,5+14,2	N, NNO, N	Couv., couv., couv.	
27	753,57-754,39	+11,3+13,6	N, NE	Eclairc., a. beau, a. beau.	
28	757,99-758,47	+ 4,5+15,8	NE, NNE, NE	A. beau, éclairc., beau.	
29	762,41-761,36	+ 5,0+19,0	NE	Magn., mag., couv.	N. L.
30	764,90-763,05	+ 9,0+18,4	NE	Brum., éclairc., beau.	L. B.
31	764,51-763,00	+ 8,0+16,6	NE	Couv., beau, magn.	

Eau tombée, 22mm,59.

PHASES LUNAIRES	POINTS LUNAIRES
N. L. le 1er, à 9 h. 11 m. du matin.	Conjug. le 2, avant minuit.
P. Q. le 8, à 1 h. 43 m. du soir.	L. B. le 5, vers minuit.
P. L. le 15, à 8 h. 14 m. du matin.	Conj. le 8, avant midi.
D. Q. le 23, à 1 h. 14 m. du matin.	Éq. L. le 12, avant midi.
N. L. le 30, à 8 h. 56 m. du soir.	L. A. le 18, vers minuit.
	Eq. L. le 25, avant minuit.
	L. B. le 30, avant minuit.

CITADELLE (**JUIN 1851**) DE DOULLENS (Somme)

j. solaires.	BAROMÈTRE à zéro	THERMOMÈTRE	VENTS	ASPECT DU CIEL	PHASES et POINTS lunaires.
1	762,05-759,25	+ 6,0+18,4	NE	Magn., vap., magn.	L. B.
2	756,97-755,23	+ 7,0+22,4	NE	Beau, magn., magn.	Conj.
3	752,29-748,37	+ 7,5+23,4	E, O	Magn., a. beau, nuag.	
4	748,39-751,11	+ 9,0+16,4	N, NNO, N	Bruin., a. beau, a. b. au.	
5	752,42-750,68	+ 4,0+18,2	S, SO, N	Beau, nuag., voilé.	Périg.
6	753,35-753,87	+ 8,5+18,8	SO, O, SO	Magn., couv., nuag.	P. Q.
7	755,24-756,24	+ 9,5+18,8	O	Nuag., couv., pluie.	
8	754,99-756,04	+13,0+18,8	Ov, NOv, Of	Pluie, éclairc., beau.	Éq. L.
9	754,32-750,96	+12,0+17,2	O	Couv., bruin., bruine.	
10	744,65-745,32	+12,0+15,2	Oviol NO,O	Couv., couv., éclairc.	
11	753,91-754,35	+ 8,6+17,0	NO, N, NO	Nuag., nuag., beau.	
12	751,25-749,08	+11,6+23,2	S fort	Nuag., beau., beau.	
13	750,51-752,44	+13,5+19,4	O viol. SO	Couv., couv., nuag.	P. L.
14	754,95-757,43	+11,0+15,6	O, NNO	Couv., nuag., nuag.	
15	757,71-755,83	+ 8,8+17,8	SO, OSO, ONO	A. beau., couv. couv.	L. A.
16	753,64-755,24	+12,0+18,2	O violent	Couv., nuag., a. beau.	
17	758,75-761,81	+11,0+16,4	O tr.-f. NO f.	Nuag., couv., nuag.	
18	764,39-762,59	+ 7,5+19,3	N, NO, O	Magn., beau, nuag.	
19	759,80-758,42	+12,5+20,6	NNO, NO	Bruine, bruine, beau.	Apog.
20	757,36-756,39	+12,0+23,8	S, OSO, O	Beau, nuag., a. beau.	D. Q.
21	751,84-750,36	+13,5+21,7	SE, S viol.	Nuag., pluie, orag.	Éq. L.
22	749,02-750,32	+13,3+17,8	SO fort, O	Couv., pluie, éclairc.	Solst.
23	756,93-759,28	+ 8,5+17,8	O, ONO, NO	Nuag., nuag., nuag.	
24	760,57-760,59	+ 9,0+17,4	O, NO, N	Beau, nuag., a. beau.	
25	761,26-760,79	+ 8,0+19,6	O, NO	Magn., a. beau, voilé.	
26	760,22-759,30	+ 9,5+24,6	E, SE, E	Magn., magn., magn.	
27	758,11-756,84	+13,0+26,4	E	Magn., magn., magn.	
28	756,59-756,50	+13,0+26,2	E, ENE, E	Magn., magn., magn.	N. L.
29	757,09-755,69	+13,3+25,8	E, NE	Magn., beau, magn.	L. B.
30	755,61-754,01	+14,0+26,8	NE, ENE, E	Magn., magn., beau.	q.-Conj.

Eau tombée, 54mm,49.

PHASES LUNAIRES	POINTS LUNAIRES
P. Q. le 6, à 6 h. 37 m. du soir.	Conjug. le 2.
P. L. le 13, à 6 h. 55 m. du soir.	L. B. le 2, vers midi.
D. Q. le 21, à 6 h. 44 m. du soir.	Éq. L. le 8, avant midi.
N. L. le 29, à 6 h. 34 m. du matin.	L. A. le 15, vers midi.
	Éq. L. le 22, avant minuit.
	L. B. le 29, vers midi.
	Quasi-Conjug. le 29.

CITADELLE (**JUILLET 1851**) DE DOULLENS (Somme)

J. solaires.	BAROMÈTRE à zéro	THERMOMÈTRE	VENTS	ASPECT DU CIEL	PHASES et POINTS lunaires.
1	753,84-751,22	+14,5+27,8	SE, E, ESE	Nuag., nuag., nuag.	
2	749,00-747,52	+16,0+21,2	S, SO, O	Couv., couv., couv.	Périg.
3	749,82-750,70	+15,0+16,0	NE viol., N v.	Couv., éclairc., écl.	
4	751,93-752,18	+12,3+19,6	N, O	Nuag., nuag., nuag.	
5	753,14-752,78	+12,0+18,8	N, SO, N	Tr.-n., tr.-n., tr.-n.	P. Q.
6	754,39-755,20	+ 9,3+20,0	N, O	Magn., a. beau, magn.	Éq. L.
7	755,14-753,58	+12,0+20,2	O, NO	Nuag., nuag., beau.	
8	748,31-747,64	+12,0+18,2	O, NO fort	Bruine, couv., a. beau.	
9	749,31-746,91	+12,5+18,8	NO, N, E	Pluie, nuag., couv.	
10	746,04-746,16	+13,0+18,2	O fort	A. beau, pluie, écl.	
11	757,10-758,32	+ 8,8+17,2	N, NO, O	Char., nuag., a. beau.	
12	755,31-754,01	+13,8+20,4	O, NO, O	Couv., écl., nuag.	L. A.
13	751,43-749,23	+12,8+19,8	O, NO	Couv., couv., couv.	P. L.
14	744,25-744,72	+12,0+18,4	SO fort O v.	F. pluie, écl., écl.	
15	748,75-749,06	+13,0+17,6	O violent	Pluie, éclairc., écl.	
16	747,20-747,58	+12,5+17,8	O, N	Couv., écl., nuag.	
17	749,09-748,90	+ 8,0+16,4	NE	Magn., nuag., pluie.	Apog.
18	750,12-751,37	+ 9,3+18,4	NE, N, O	Nuag., écl., nuag.	
19	754,72-753,95	+10,2+19,2	O, S	Nuag., couv., couv.	Éq. L,
20	750,83-750,07	+12,0+19,0	S tr.-fort	Avers, avers., écl.	
21	754,05-753,15	+15,5+20,0	S, O, NO	Nuag., nuag., nuag.	D. Q.
22	754,11-752,82	+ 8,3+21,8	SO, SE, NE	Beau, magn., a. beau.	
23	746,54-743,33	+13,8+22,0	SE, N	Couv., nuag., couv.	
24	741,96-742,18	+14,0+19,0	OSO viol. O v.	Eclairc., pluie, pluie.	
25	740,04-739,71	+11,4+20,0	SSO, O viol. NO	Pluie, pluie, éclairc.	Conj.
26	743,27-746,83	+12,5+16,8	N	Eclairc., nuag., couv.	L. B.
27	751,20-754,04	+11,0+18,8	O, NO	Beau, nuag., beau.	N. L
28	754,04-751,14	+14,0+22,4	S	Eclairc., nuag., beau.	
29	749,58-749,76	+15,0+22,6	NNO, O, N	Couv., écl., a. beau.	Conj.
30	749,58-750,30	+12,0+17,4	NE, O, N	Couv., éclairc., écl.	Périg.
31	752,54-751,98	+13,5+18,0	NO, N, NO	Couv., couv., écl.	

Eau tombée, 132mm,18.

PHASES LUNAIRES	POINTS LUNAIRES
P. Q. le 5, à 11 h. 17 m. du soir.	Éq. L. le 5, avant minuit.
P. L. le 13, à 7 h. 23 m. du matin.	L. A. le 12, vers midi.
D. Q. le 21, à 10 h. 49 m. du matin.	Eq. L. le 19, avant minuit.
N. L. le 28, à 2 h. 50 m. du soir.	Conjug. le 25, vers minuit.
	L. B. le 26, vers minuit.
	Conjug. le 28, vers minuit.

CITADELLE (**AOUT 1851**) DE DOULLENS (Somme)

J. solaire.	BAROMÈTRE à zéro	THERMOMÈTRE	VENTS	ASPECT DU CIEL	PHASES et POINTS lunaires.
1	749,70-751,38	+12,5+18,6	NO, NO, O	Couv., bruine, bruin.	Éq. L.
2	753,38-752,56	+13,8+19,8	O ONO, NNO	Couv., couv., éclairc.	
3	756,67-756,90	+15,0+19,8	ONO, O, NO	Couv., couv., éclairc.	
4	756,55-755,80	+ 9,5+23,4	NE, O, NE	Beau, nuag., beau.	P. Q.
5	758,04-757,20	+13,2+21,6	NE fort	Couv., beau, magn.	
6	757,31-755,23	+ 8,0+21,8	NE fort	Magn., mag., mag.	
7	753,95-751,38	+12,0+24,2	NE, NNE	Magn., a. beau, nuag.	
8	751,95-751,14	+15,2+22,6	NE	Couv., couv., couv.	L. A.
9	751,45-751,71	+16,0+19,6	NE	Couv., éclairc. pluie.	
10	753,39-754,84	+14,2+17,2	N, E, NE	Couv., couv., couv.	
11	756,55-756,30	+10,6+20,2	NE	Eclairc., écl., beau.	P. L.
12	756,98-755,75	+ 9,5+20,2	E	Magn., magn., magn.	
13	754,04-751,43	+13,0+23,8	S, SE	Nuag., couv., orage.	
14	753,24-752,82	+15,0+21,8	O	Couv., nuag., nuag.	Apog.
15	751,99-752,28	+14,5+21,6	O, NE	Nuag., nuag., nuag.	
16	754,05-754,01	+12,5+22,4	O	Nuag., nuag., nuag.	Éq. L.
17	753,88-751,62	+16,0+21,4	O, NO	Couv., éclairc., couv.	
18	753,76-756,61	+14,5+17,2	O, NO, N f.	Couv., nuag., éclairc.	
19	761,78-761,74	+ 8,6+20,0	N, NNE, E	Beau, beau, beau.	Conj.
20	761,83-759,55	+ 9,2+21,6	NE, E	Magn., a. beau, beau.	D. Q.
21	757,53-756,40	+11,0+23,0	NE, O	Vap., beau, beau.	
22	755,29-753,75	+12,0+22,6	O, SO, N	Brouil., écl., a. beau.	
23	751,56-750,23	+12,5+23,0	E, O, NO	Magn., a. beau, bruin.	L. B.
24	752,89-751,01	+11,8+22,0	O, SO f. O f.	Beau, beau, nuag.	
25	752,89-757,36	+11,2+19,2	O, NO	Beau, a. beau, beau.	
26	758,22-755,30	+ 9,2+19,4	OSO, O, SO	Vap., couv., couv.	N. L.
27	740,20-754,83	+14,2+17,0	NO viol O v.	Pluie, nuag., couv.	Périg.
28	742,96-741,84	+13,0+15,2	NO temp.	Eclairc., écl., écl.	Conj.
29	746,21-745,35	+ 7,0+13,4	N	Beau, couv., a. beau.	Éq. L.
30	752,27-755,26	+ 8,0+12,2	N violent	Couv., couv., éclairc.	
31	758,60-759,61	+ 9,3+15,4	NO	Nuag., a. beau, beau.	

Eau tombée, 64mm,58.

PHASES LUNAIRES	POINTS LUNAIRES
P. Q. le 4, à 5 h. 17 m. du matin.	Eq. L. le 1er, avant minuit.
P. L. le 11, à 9 h. 52 m. du soir.	L. A. le 8, vers minuit.
D. Q. le 20, à 1 h. 8 m. du matin.	Eq. L. le 16, avant midi.
N. L. le 26, à 10 h. 29 m. du soir.	Conjug. le 19, avant midi.
	L. B. le 23, vers midi.
	Conjug. le 27, avant midi.
	Eq. L. le 29, vers midi.

CITADELLE (**SEPTEMBRE 1851**) DE DOULLENS (Somme)

J. solaires.	BAROMÈTRE à zéro	THERMOMÈTRE	VENTS	ASPECT DU CIEL	PHASES et POINTS lunaires.
1	759,54-758,33	+ 8,8+17,0	NO, N, NO	Brouil., couv., couv.	
2	755,18-754,21	+12,8+18,2	O, N	Pluie, pluie, éclairc.	P. Q.
3	755,75-754,84	+12,6+18,0	N,NNE, NE	Brum., nuag., nuag.	
4	753,63-753,05	+ 9,2+17,2	NO, N	Couv., nuag., nuag.	L. A.
5	755,36-755,83	+12,0+16,2	N, NNE, N	Pluv., pluv., couv.	
6	758,80-758,94	+11,0+15,2	NE tr.-fort	Bruine, a. beau, écl.	
7	761,98-761,78	+ 8,0+15,6	NE	Nuag., a.beau, a. b.	
8	764,11-763,66	+ 5,6+13,6	NE	Couv., couv., éclairc.	
9	764,63-764,04	+ 5,2+15,0	NE fort	Magn., magn., mag.	P. L.
10	766,00-764,78	+ 4,2+16,2	NE	Magn., magn., mag.	Apog.
11	765,33-763,54	+ 5,2+16,6	NE	Nuag., magn., mag.	Éq. L.
12	763,46-760,89	+ 5,0+17,6	NE, E, N	Brouil., a.beau, beau.	Conj.
13	760,79-761,04	+ 6,8+15,2	NE	Brouil., couv., éclair.	
14	762,03-762,53	+ 5,8+17,0	N, NE	Couv., a. beau, mag.	
15	765,19-765,20	+ 6,8+16,0	NE	Couv., couv., a. beau.	
16	766,54-764,84	+ 8,8+15,2	NE fort	Nuag., nuag., nuag.	
17	761,64-759,70	+11,5+15,6	NE fort	Beau, a. beau, nuag.	
18	757,28-754,06	+ 8,5+13,8	NE, E, SE	Eclairc., écl., pluie.	D. Q.
19	753,53-752,92	+ 9,2+13,2	E, NE	Bruine, couv., bruin.	L. B.
20	749,18-749,95	+ 9,0+16,4	N	Brouil., a.beau, nuag.	
21	754,24-754,00	+10,3+15,8	N fort, NNO	Pluie, couv., couv.	
22	751,26-752,82	+13,0+15,0	NNE, NE, N	Pluie, couv., couv.	
23	755,75-755,98	+12,3+15,8	E, NE	Pluie, nuag., pluie.	Équin.
24	755,98-754,30	+12,5+16,8	SSE, S, SSO	Pluie, éclairc., beau.	Périg.
25	751,19-747,52	+ 7,5+17,0	O fort	Brouil., nuag., écl,	N. L.
26	746,58-747,18	+ 7,0+12,0	SO viol.O	Beau, bruine, beau.	Éq.L.
27	747,24-747,93	+ 5,0+12,4	O, SO, O	Tr.-beau, nuag., écl.	
28	750,76-750,58	+ 5,5+11,6	S, N, NE	Couv., couv., couv.	
29	753,86-746,51	+ 4,2+13,8	NE, SE, SE	Brouill., nuag., nuag.	
30	742,64-741,03	+ 8,8+13,6	SE viol.S v.	Eclairc., couv., couv.	

Eau tombée, 56mm,5.

PHASES LUNAIRES	POINTS LUNAIRES
P. Q. le 2, à 2 h. 2 m. du soir.	L. A. le 4, vers minuit.
P. L. le 10, à 1 h. 53 m. du soir.	Éq. L. le 12, avant midi.
D. Q. le 18, à 1 h. 38 m. du soir.	Conjug. le 13, vers midi.
N. L. le 25, à 6 h. 21 m. du matin.	L. B. le 19, vers minuit.
	Conjug. le 25, vers minuit
	Éq. L. le 25, avant minuit.

CITADELLE (OCTOBRE 1851) DE DOULLENS (Somme)

J. solaires.	BAROMÈTRE à zéro	THERMOMÈTRE	VENTS	ASPECT DU CIEL	PHASES et POINTS lunaires.
1	740,39-734,34	+10,8+15,2	SE,S f.SSE t.f.	Couv., couv., couv.	L. A.
2	739,73-740,83	+ 8,0+13,6	S violent	Beau, nuag., éclairc.	P. Q.
3	743,56-744,45	+ 6,0+14,2	S violent	Brum., couv., a. beau.	
4	744,77-743,29	+ 9,0+13,4	SE f. S f. 0	Bruine, pluie, mag.	
5	746,49-748,20	+ 8,0+11,0	SO tr.f. 0 t.f.	Mag., nuag., pluie.	
6	749,85-750,09	+ 7,2+12,8	SO f, 0	Couv., p'uie., nuag.	
7	750,33-749,18	+ 9,5+13,8	SO, 0, SO	A. beau. couv., couv.	Apog.
8	750,24-751,87	+ 9,5+11,6	O, ONO	Couv., écl., a. beau.	Conj.
9	753,68-750,02	+ 5,0+13,0	SE, S	Nuag., pluie, couv.	Éq. L.
10	754,13-756,79	+11,6+15,2	ONO, O	Couv., couv., couv.	P. L.
11	761,52-760,84	+13,0+16,4	O, S	Couv., couv., magn.	
12	762,36-761,69	+ 9,5+17,4	S, O	Nuag., nuag., magn.	
13	759,34-757,13	+ 8,6+16,6	S, SO, NO	Beau, beau, beau.	
14	753,93-752,62	+11,5+15,0	SO viol.	Pluie, nuag., couv.	
15	745,22-739,06	+11,0+12,8	SO, 0, ONO	Couv., bruine, couv.	
16	742,82-743,73	+ 5,2+ 9,8	O, NO	Beau, nuag., nuag.	L. B.
17	748,06-750,48	+ 4,0+ 9,8	SE, 0, SO	Magn., beau, beau.	
18	754,94-754,42	+ 1,8+12,4	OSO, O	Magn., beau, nuag.	D. Q.
19	755,76-755,98	+ 8,5+14,6	SE, SO	Pluie, éclairc., couv.	
20	757,31-756,39	+10,0+14,8	E, SE	Nuag., couv., couv.	
21	754,51-752,51	+ 8,3+11,0	NE, E. N	Beau, couv., bruine.	
22	753,75-757,35	+ 8,2+11,0	SE, ENE	Brum., brum., brum.	Éq. L.
23	759,20-759,67	+ 8,6+13,2	NE	Nuag., écl., nuag.	Périg.
24	761,75-761,38	+ 9,8+10,0	NE	Brum., brum., brum.	N. L.
25	762,27-761,21	+ 8,5+10,0	NE, N, NE	Brum., brum., brum.	Conj.
26	758,74-758,73	+ 6,6+10,2	S, N	A.beau, magn., magn.	
27	755,42-755,51	+ 2,8+10,6	N, O, NO	Beau. couv., couv.	
28	756,57-751,53	+ 7,2+ 9,0	N, O	Nuag., nuag., couv	
29	738,14-735,81	+ 7,0+ 7,2	Nviol., O	Pluie, pluie, bruine.	L. A.
30	737,99-739,88	+ 3,8+ 7,6	O	Couv., nuag., écl.	
31	741,63-742,78	+ 2,0+ 7,4	NE, NO	Brouil., nuag., écl.	P. Q.

Eau tombée, 78mm,24.

PHASES LUNAIRES	POINTS LUNAIRES
P. Q. le 2, à 2 h. 39 m. du matin.	L. A. le 2, vers minuit.
P. L. le 10, à 6 h. 42 m. du matin.	Conjug. le 8, avant midi.
D. Q. le 18, à 0 h. 22 m. du matin.	Éq. L. le 9, avant minuit.
N. L. le 24, à 3 h. 19 m. du soir.	L. B. le 16, vers midi.
D. Q. le 31, à 7 h. 27 m. du soir.	Éq. L. le 23, avant midi.
	Conjug. le 25, avant minuit.
	L. A. le 29, vers midi.

CITADELLE (NOVEMBRE 1851) DE DOULLENS (Somme)

J. solaires.	BAROMÈTRE à zéro	THERMOMÈTRE	VENTS	ASPECT DU CIEL	PHASES et POINTS lunaires.
1	744,89-743,77	+ 2,6+ 8,0	SO, S, O f.	Pluie, couv., couv.	
2	740,93-737,79	+ 2,5+ 7,8	S, NO	Eclairc., couv.. écl.	Conj.
3	746,63-749,09	+ 1,0+ 4,6	NO, O, NO	Magn., a. beau, beau.	
4	753,41-745,58	— 0,2+ 1,4	S, N	Neige, pluie, couv.	Apog.
5	752,81-752,78	— 0,5+ 4,0	NO, O	Ecl., magn., magn.	Éq. L.
6	748,42-747,76	+ 1,7+ 6,2	NO, O, NO	Magn., couv., couv.	
7	746,58-744,13	+ 3,1+ 7,0	NO, NE	Pluie, couv., écl.	
8	749,46-750,05	+ 3,0+ 6,2	NE, NO	Couv., éclairc. écl.	P. L.
9	750,03-751,09	+ 0,3+ 6,4	S, NO	A. beau, beau, beau.	
10	745,42-745,76	+ 1,7+ 4,4	S, SE	Bruine, pluie, couv.	
11	751,67-754,11	+ 0,0+ 4,2	NE	Bruine, couv., beau.	
12	757,72-759,09	— 1,2+ 6,6	NO, E, NE	Brouil., beau, nuag.	
13	764,66-764,39	+ 0,7+ 5,0	NE, NO	Brouill.. brouil., br.	L. B.
14	758,26-757,60	+ 2,9+ 4,6	NO, NE, N	Couv., magn., a. beau.	
15	753,43-751,42	— 0,3+ 4,2	NO, NE	A. beau, nuag. pluv.	
16	759,27-747,17	— 1,5+ 3,8	NO	Nuag., p. fine, couv.	D . Q.
17	745,92-747,22	— 1,0+ 1,2	0, NO, 0 f.	Neige, couv., couv.	
18	745,03-747,04	— 0,3+ 2,8	NO	Nuag., magn., neige.	
19	749,10-747,99	— 2,5+ 2,6	NO, O	Magn., magn., couv.	Éq. L.
20	746,66-748,97	— 1,7+ 2,0	S, NO	Magn., voilé, nuag.	Périg.
21	754,95-747,79	— 3,3+ 2,4	0, ONO, 0	Magn., couv., pluie.	
22	748,92-753,54	+ 1,8+ 3,0	N f., NE, N	Eclairc., a. beau, écl.	
23	756,67-754,72	+ 0,7+ 3,0	0, NE, ONO	Pluie, nuag., nuag.	N. L.
24	743,46-738,63	— 0,3+ 3,0	S, SSE	Pluie, pluie, nuag.	Conj.
25	740,84-740,85	— 0,5+ 3,0	0	Nuag., beau, nuag.	L. A.
26	741,07-743,74	+ 0,3+ 3,2	E, O, NE	Brouil., couv. beau.	
27	747,27-748,61	+ 1,5+ 4,0	0, NO, NNO	Pluie, éclairc., couv.	
28	752,46-753,80	+ 0,7+ 5,2	NO, O	Nuag., éclairc., nuag.	
29	756,81-758,50	+ 2,0+ 4,0	N, NE	Brouil., brum., nuag.	
30	758,39-758,28	— 1,0+ 0,6	S	Givre, brouil., couv.	P. Q.

Eau tombée, 92mm,08.

PHASES LUNAIRES	POINTS LUNAIRES
P. L. le 8, à 11 h. 31 m. du soir.	Conjug. le 2, avant minuit.
D. Q. le 16, à 9 h. 31 m. du matin.	Eq. L. le 5, avant minuit.
N. L. le 23, à 2 h. 16 m. du matin.	L. B. le 13, vers midi.
P. Q. le 30, à 3 h. 36 m. du soir.	Éq. L. le 19, avant midi.
	Conj. le 24, avant midi.
	L. A. le 25, vers minuit.

CITADELLE (**DÉCEMBRE 1851**) DE DOULLENS (Somme)

J. solaires.	BAROMÈTRE à zéro	THERMOMÈTRE		VENTS	ASPECT DU CIEL	PHASES et POINTS lunaires.
		o	o			
1	759,03-758,41	— 1,3	+ 1,2	S, O	Nuag., couv., a. beau.	
2	757,96-758,26	+ 2,0	+ 4,4	N, NO	Bruine, couv., couv.	Apog.
3	761,01-759,71	+ 3,0	+ 4,2	N, NO	Brum., couv., couv.	Éq. L.
4	757,96-759,31	+ 2,5	+ 4,8	NO, O, N	Couv., couv., couv.	
5	760,44-760,16	+ 1,7	+ 7,0	O, N, ONO	Bruine, bruine, couv.	
6	763,49-761,01	+ 5,8	+ 8,0	O	Bruine, couv., couv.	
7	761,47-760,87	+ 5,7	+ 6,6	SO, S, SO	Couv., couv., couv.	
8	756,71-757,31	+ 1,5	+ 7,4	SSO, OSO	Nuag., pluie, pluie.	P. L.
9	761,08-759,44	+ 4,5	+ 9,6	SSO, S, O	Couv., bruine, bruine.	
10	758,71-758,92	+ 8,5	+ 9,4	S, SO, S	Nuag., couv., a. beau.	L. B.
11	763,33-766,22	+ 8,5	+ 7,6	NNO, NO	Nuag., magn., magn.	
12	767,07-765,44	+ 0,3	+ 3,6	NE, E	Brouill., beau, br.	
13	763,68-763,31	+ 1,5	+ 4,6	E, ESE, E	Tr.-beau, beau, a. b.	
14	765,26-765,43	+ 0,2	+ 1,8	E, NE	Brouil., couv.. br.	D. Q.
15	764,85-764,72	— 0,4	+ 1,4	S, SSO, SE	Brouil., brum., br.	Eq. L.
16	765,71-763,78	— 1,5	+ 0,0	SSO, SE	Couv., couv., couv.	Périg.
17	762,79-760,28	— 0,5	+ 0,6	SE	Couv., couv., brouil.	
18	759,51-758,15	— 2,3	— 1,4	S	Brouil., couv., brum.	
19	759,95-760,30	— 2,7	— 0,4	S	Givre, brouil., couv.	
20	760,05-758,80	— 1,5	+ 3,0	SE	Pluie, nuag., nuag.	
21	753,31-748,07	+ 1,0	+ 3,2	SE fort	A. beau, a. beau, couv.	Solst.
22	744,24-745,68	+ 2,5	+ 5,6	S, SO viol.	Pluie, couv., beau.	N. L.
23	751,68-756,68	+ 3,5	+ 4,2	E fort	Pluie, pluie, éclairc.	L. B.
24	760,15-760,89	— 1,5	+ 1,0	NE, E	Brouil., écl., brouil.	q.-Conj.
25	761,54-761,48	— 0,7	+ 1,8	NE, NO, N	Nuag., éclairc., br.	
26	764,96-766,14	— 0,5	+ 0,0	NE	Nuag., beau, magn.	
27	764,07-761,86	— 1,5	+ 1,6	NO	Couv., couv., couv.	
28	759,71-762,58	— 1,0	— 1,4	NE	Neige, éclairc., écl.	
29	765,87-765,94	— 4,4	— 2,8	NE	Beau, tr.-beau, tr.-b.	Apog.
30	765,15-765,10	— 5,5	— 1,0	S, NE	Couv., magn., br.	Eq. L.
31	760,96-757,78	— 3,5	— 1,4	SE	Tr.-beau, a.b., tr.-b.	P. Q.

Eau tombée, 28mm,09

PHASES LUNAIRES	POINTS LUNAIRES
P. L. le 8, à 3 h. 37 m. du soir.	Éq. L. le 3, avant midi.
D. Q. le 15, à 5 h. 35 m. du soir.	L. B. le 10, vers midi.
N. L. le 22, à 3 h. 45 m. du soir.	Éq. L. le 16, avant minuit.
P. Q. le 30, à 1 h. 24 m. du soir.	L. A. le 23, vers midi.
	Quasi-Conj. le 23, vers midi.
	Eq. L. le 30, avant minuit.

TABLEAUX

DU LEVER ET DU COUCHER DU SOLEIL ET DE LA LUNE

POUR CHAQUE JOUR

DE

L'ANNÉE 1870 (*)

(*) Ces tableaux ne s'appliquent qu'à la latitude de Paris, Pour les autres latitudes, il y aurait une petite correction à faire dans le chiffre des minutes, aux lever et coucher du soleil. Mais ces corrections n'ont pas une grande importance pour les usages de la vie civile, et elles nous prendraient un espace que le petit cadre de cette publication ne nous permet pas de leur consacrer.

JANVIER 1870

Jours du mois	SOLEIL Lever	SOLEIL Coucher	LUNE Lever	LUNE Coucher
	h. m.	h. m.	h. m.	h. m.
			matin	soir.
1	7.56	4.12	7.13	3.55
2	7.56	4.13	8.11	4.52
3	7.56	4.14	9. 0	5.55
4	7.56	4.15	9.39	7. 1
5	7.55	4.16	10.11	8. 7
6	7.55	4.17	10.38	9.12
7	7.55	4.19	11. 2	10.16
8	7.55	4.20	11.24	11.19
9	7.54	4.21	11.45	
			soir.	matin
10	7.54	4.22	0. 6	0.21
11	7.53	4.24	0.28	1.24
12	7.52	4.25	0.53	2.28
13	7.52	4.27	1.22	3.33
14	7.51	4.28	1.58	4.38
15	7.51	4.29	2.42	5.41
16	7.50	4.31	3.35	6.41
17	7.49	4.32	4.37	7.35
18	7.48	4.34	5.46	8.21
19	7.47	4.35	7.11	9. 0
20	7.46	4.37	8.19	9.34
21	7.46	4.38	9.36	10. 3
22	7.45	4.40	10.53	11.30
23	7.43	4.41		10.56
			matin	
24	7.42	4.43	0. 9	11.22
25	7.41	4.45	1.25	11.51
				soir.
26	7.40	4.46	2 40	0.24
27	7.39	4.48	3.52	1. 2
28	7.38	4.49	5. 0	1.47
29	7.36	4.51	6. 1	2.41
30	7.35	4.52	6.53	3.41
31	7.34	4.54	7.36	4.45

FÉVRIER 1870

Jours du mois	SOLEIL Lever	SOLEIL Coucher	LUNE Lever	LUNE Coucher
	h. m.	h. m.	h. m.	h. m.
			matin	soir.
1	7.32	4.56	8.11	5.50
2	7.31	4.58	8.40	6.55
3	7.30	4.59	9. 5	8. 0
4	7.28	5. 1	9.27	9. 4
5	7.27	5. 3	9.49	10. 7
6	7.25	5. 4	10.10	11.10
7	7.24	5. 6	10.31	
				matin
8	7.22	5. 8	10.54	0.13
9	7.20	5. 9	11.21	1.17
10	7.19	5.10	11.53	2.21
			soir.	
11	7.17	5.12	0.32	3.24
12	7.16	5.14	1.19	4.25
13	7.14	5.16	2.16	5.21
14	7.12	5.18	3.23	6.10
15	7.10	5.19	4.37	6.53
16	7. 9	5.21	5.55	7.30
17	7. 7	5.22	7.14	8. 2
18	7. 5	5.24	8.35	8.31
19	7. 3	5.26	9.54	8.58
20	7. 1	5.27	11.13	9.25
21	6.59	5.29		9.53
			matin	
22	6.58	5.31	0.30	10.25
23	6.56	5.32	1.44	11. 2
24	6.54	5.33	2.54	11.45
				soir.
25	6.52	5.35	3.56	0.35
26	6.50	5.37	4.49	1.32
27	6.48	5.39	5.34	2.34
28	6.46	5.40	6.11	3.39

MARS 1870

Jours du mois	SOLEIL Lever	SOLEIL Coucher	LUNE Lever	LUNE Coucher
	h. m.	h. m.	h. m.	h. m.
			matin	soir.
1	6.44	5.42	6.42	4.44
2	6.42	5.43	7. 8	5.49
3	6.40	5.45	7.30	6.53
4	6.38	5.47	7.51	7.56
5	6.36	5.48	8.13	8.59
6	6.34	5.50	8.34	10. 2
7	6.32	5.51	8.56	11. 5
8	6.30	5.53	9.21	
				matin
9	6.28	5.54	9.50	0. 7
10	6.26	5.56	10.25	1.59
11	6.24	5.57	11. 7	2.10
12	6.22	5.59	11.58	3. 8
			soir.	
13	6.20	6. 1	0.59	4. 0
14	6.18	6. 2	2. 9	4.45
15	6.15	6. 3	3.25	5.24
16	6.13	6. 5	4.45	5.58
17	6.11	6. 7	6. 7	6.28
18	6. 9	6. 8	7.29	6.56
19	6. 7	6.10	8.51	7.24
20	6. 5	6.11	10.12	7.52
21	6. 3	6.13	11.31	8.23
22	6. 1	6.14		8.59
			matin	
23	5.59	6.16	0.46	9.42
24	5.56	6.17	1.52	10.31
25	5.54	6.19	2.48	11.26
				soir.
26	5.52	6.20	3.35	0.26
27	5.50	6.22	4.14	1.30
28	5.48	6.23	4.46	2.35
29	5.46	6.25	5.13	3.40
30	5.44	6.26	5.36	4.44
31	5.42	6.28	5.57	5.47

AVRIL 1870

Jours du mois.	SOLEIL Lever.	SOLEIL Coucher.	LUNE Lever.	LUNE Coucher.
	h. m.	h. m.	h. m. (matin)	h. m. (soir.)
1	5.39	6.29	6.18	6.50
2	5.38	6.31	6.39	7.53
3	5.36	6.32	7. 0	8.56
4	5.33	6.34	7.23	9.59
5	5.31	6.35	7.50	11. 2
6	5.29	6.37	8.22	—
				matin
7	5.27	6.38	9. 1	0. 3
8	5.25	6.39	9.48	1. 0
9	5.23	6.41	10.44	1.52
10	5.21	6.42	11.48	2.38
			soir.	
11	5.19	6.44	0.59	3.19
12	5.17	6.45	2.15	3.54
13	5.15	6.47	3.35	4.25
14	5.13	6.48	4.57	4.53
15	5.11	6.50	6.20	5.21
16	5. 9	6.51	7.44	5.49
17	5. 7	6.53	9. 7	6.19
18	5. 5	6.54	10.26	6.54
19	5. 3	6.56	11.39	7.34
20	5. 1	6.57	—	8.21
			matin	
21	5. 0	6.59	0.42	9.16
22	4.58	7. 0	1.34	10 17
23	4.56	7. 2	2.16	11.21
				soir.
24	4.54	7. 3	2.50	0.27
25	4.52	7. 5	3.18	1.32
26	4.50	7. 6	3.42	2.36
27	4.49	7. 7	4. 4	3.39
28	4.47	7. 9	4.24	4.42
29	4.45	7.10	4.44	5.45
30	4.43	7.12	5. 5	6.49

MAI 1870

Jours du mois.	SOLEIL Lever.	SOLEIL Coucher.	LUNE Lever.	LUNE Coucher.
	h. m.	h. m.	h. m. (matin)	h. m. (soir.)
1	4.42	7.13	5.28	7.52
2	4.40	7.15	5.53	8.55
3	4.38	7.16	6.23	9.57
4	4.37	7.18	6.53	10.56
5	4.35	7.19	7.42	11.51
6	4.33	7.20	8.34	—
				matin
7	4.32	7.22	9.35	0.40
8	4.30	7.23	10.42	1.21
9	4.29	7.25	11.55	1.55
			soir.	
10	4.27	7.26	1.11	2.25
11	4.26	7.27	2.29	2.53
12	4.24	7.29	3.49	3.20
13	4.23	7.30	5.11	3.47
14	4.22	7.31	6.34	4.15
15	4.20	7.33	7.57	4.46
16	4.19	7.34	9.16	5.23
17	4.18	7.35	10.26	6. 7
18	4.16	7.37	11.26	7. 0
19	4.15	7.38	—	8. 1
			matin	
20	4.14	7.39	0.14	9. 7
21	4.13	7.40	0.52	10.14
22	4.12	7.42	1.22	11.21
				soir.
23	4.11	7.43	1.47	0.26
24	4.10	7.44	2.10	1.30
25	4. 9	7.45	2.51	2.33
26	4. 8	7.46	2.51	3.36
27	4. 7	7.47	3.12	4.40
28	4. 6	7.48	3.33	5.44
29	4. 5	7.49	3.57	6.48
30	4. 4	7.51	4.25	7.51
31	4. 4	7.52	4.59	8.52

JUIN 1870

Jours du mois.	SOLEIL Lever.	SOLEIL Coucher.	LUNE Lever.	LUNE Coucher.
	h. m.	h. m.	h. m. (matin)	h. m. (soir.)
1	4. 3	7.53	5.40	9.49
2	4. 2	7.54	6.30	10.39
3	4. 2	7.54	7.28	11.22
4	4. 1	7.55	8.33	11.58
5	4. 1	7.56	9.43	—
				matin
6	4. 0	7.57	10.56	0.30
			soir.	
7	4. 0	7.58	0.11	0.58
8	3.59	7.59	1.28	1.24
9	3.59	7.59	2.47	1.49
10	3.59	8. 0	4. 8	2.15
11	3.58	8. 1	5.29	2.43
12	3.58	8. 1	6.49	3.16
13	3.58	8. 2	8. 4	3.56
14	3.58	8. 2	9.10	4.44
15	3.58	8. 3	10. 5	5.42
16	3.58	8. 3	10.49	6.47
17	3.58	8. 4	11.23	7.55
18	3.58	8. 4	11.51	9. 3
19	3.58	8. 4	—	10.11
			matin	
20	3.58	8. 5	0.15	11.17
				soir.
21	3.58	8. 5	0.37	0.22
22	3.58	8. 5	0.57	1.26
23	3.59	8. 5	1.16	2.30
24	3.59	8. 5	1.37	3.33
25	3.59	8. 5	2. 0	4.36
26	3.59	8. 5	2.27	5.40
27	4. 0	8. 5	2.59	6.43
28	4. 1	8. 5	3.38	7.42
29	4. 1	8. 5	4.25	8.36
30	4. 2	8. 5	5.20	9.22

JUILLET 1870

Jours du mois.	SOLEIL Lever.	SOLEIL Coucher.	LUNE Lever.	LUNE Coucher.
	h. m.	h. m.	h. m.	h. m.
			matin	soir.
1	4. 2	8. 5	6.23	10. 1
2	4. 3	8. 4	7.32	10.34
3	4. 4	8. 4	8.45	11. 2
4	4. 4	8. 4	10. 0	11.28
5	4. 5	8. 3	11.16	11.53
			soir.	
6	4. 6	8. 3	0.33	———
				matin
7	4. 7	8. 2	1.51	0.18
8	4. 7	8. 2	3. 9	0.44
9	4. 8	8. 1	4.27	1.14
10	4. 9	8. 0	5.43	1.50
11	4.10	8. 0	6.53	2.33
12	4.11	7.59	7.53	3.26
13	4.12	7.58	8.42	4.27
14	4.13	7.58	9.21	5.34
15	4.14	7.57	9.52	6.44
16	4.15	7.56	10.17	7.53
17	4.16	7.55	10.40	9. 1
18	4.17	7.54	11. 1	10. 7
19	4.18	7.53	11.21	11.12
20	4.19	7.52	11.41	soir
21	4.21	7.51	———	0.16
			matin	1.19
22	4.22	7.50	0. 3	2.23
23	4.23	7.49	0.28	3.26
24	4.24	7.47	0.58	4.29
25	4.25	7.46	1.34	5.30
26	4.27	7.45	2.17	6.27
27	4.28	7.44	3. 9	7.17
28	4.29	7.42	4.10	8. 0
29	4.31	7.41	5.18	8.36
30	4.32	7.40	6.32	9. 6
31	4.33	7.38	7.49	9.33

AOUT 1870

Jours du mois.	SOLEIL Lever.	SOLEIL Coucher.	LUNE Lever.	LUNE Coucher.
	h. m.	h. m.	h. m.	h. m.
			matin	soir.
1	4.35	7.37	9. 6	9.58
2	4.36	7.35	10.23	10.22
3	4.37	7.34	11.40	10.48
			soir.	
4	4.39	7.32	0.58	11.17
5	4.40	7.31	2.15	11.50
6	4.41	7.29	3.30	———
7	4.43	7.27	4.40	0.29
8	4.44	7.26	5.42	1.17
9	4.45	7.24	6.34	2.13
10	4.47	7.22	7.16	3.17
11	4.48	7.21	7.50	4.25
12	4.50	7.19	8.18	5.35
13	4.51	7.17	8.42	6.44
14	4.52	7.16	9. 4	7.54
15	4.54	7.14	9.24	8.57
16	4.55	7.12	9.45	10. 2
17	4.57	7.10	10. 7	11. 6
				soir.
18	4.58	7. 8	10.31	0.10
19	4.59	7. 7	10.57	1.13
20	5. 1	7. 5	11.28	2.16
21	5. 2	7. 3	———	3.17
			matin	
22	5. 4	7. 1	0. 7	4.15
23	5. 5	6.59	0.55	5. 7
24	5. 6	6.57	1.53	5.53
25	5. 8	6.55	2.59	6.32
26	5. 9	6.53	4.12	7. 4
27	5.11	6.51	5.30	7.32
28	5.12	6.49	6.49	7.59
29	5.14	6.47	8. 8	8.25
30	5.15	6.45	9.27	8.51
31	5.16	6.43	10.46	9.19

SEPTEMBRE 1870

Jours du mois.	SOLEIL Lever.	SOLEIL Coucher.	LUNE Lever.	LUNE Coucher.
	h. m.	h. m.	h. m.	h. m.
			soir.	soir.
1	5.18	6.41	0. 4	9.50
2	5.19	6.39	1.21	10.27
3	5.21	6.37	2.33	11.12
4	5.22	6.35	3.37	———
				matin
5	5.23	6.33	4.32	0. 5
6	5.25	6.31	5.16	1. 6
7	5.26	6.29	5.51	2.12
8	5.28	6.26	6.20	3.21
9	5.29	6.24	6.45	4.29
10	5.31	6.22	7. 7	5.37
11	5.32	6.20	7.27	6.44
12	5.33	6.18	7.48	7.49
13	5.35	6.16	8. 9	8.53
14	5.36	6.14	8.31	9.57
15	5.38	6.12	8.56	11. 1
				soir.
16	5.39	6. 9	9.25	0. 4
17	5.41	6. 7	10. 1	1. 6
18	5.42	6. 5	10.45	2. 5
19	5.43	6. 3	11.37	2.59
20	5.45	6. 1	———	3.47
			matin	
21	5.46	5.59	0.38	4.27
22	5.48	5.57	1.47	5. 2
23	5.49	5.55	3. 2	5.33
24	5.51	5.52	4.20	6. 0
25	5.52	5.50	5.41	6.26
26	5.53	5.48	7. 3	6.51
27	5.55	5.46	8.25	7.18
28	5.56	5.44	9.48	7.49
29	5.58	5.42	11. 9	8.26
			soir.	
30	5.59	5.40	0.25	9. 9

OCTOBRE 1870

Jours du mois.	SOLEIL Lever.	SOLEIL Coucher.	LUNE Lever.	LUNE Coucher.
	h. m.	h. m.	h. m. soir.	h. m. soir.
1	6. 1	5.38	1.33	10. 0
2	6. 2	5.36	2.31	10.59
3	6. 4	5.33	3.18	— matin
4	6. 5	5.31	3.55	0. 4
5	6. 7	5.29	4.25	1.12
6	6. 8	5.27	4.50	2.20
7	6.10	5.25	5.12	3.27
8	6.11	5.23	5.33	4.33
9	6.13	5.21	5.53	5.39
10	6.14	5.19	6.13	6.44
11	6.16	5.17	6.34	7.48
12	6.17	5.15	6.58	8.52
13	6.19	5.13	7.25	9.55
14	6.20	5.11	7.58	10.57
15	6.22	5. 9	8.38	11.56
16	6.23	5. 7	9.26	soir. 0.51
17	6.25	5. 5	10.23	1.40
18	6.26	5. 3	11.28	2.22
19	6.28	5. 1	— matin	2.59
20	6.30	4.59	0.38	3.31
21	6.31	4.58	1.53	3.59
22	6.33	4.56	3.11	4.25
23	6.34	4.54	4.32	4.50
24	6.36	4.52	5.55	5.16
25	6.37	4.50	7.19	5.45
26	6.39	4.48	8.44	6.19
27	6.41	4.47	10. 6	7. 0
28	6.42	4.45	11.21	7.50
29	6.44	4.43	soir. 0.25	8.48
30	6.45	4.41	1.17	9.53
31	6.47	4.40	1.58	11. 2

NOVEMBRE 1870

Jours du mois.	SOLEIL Lever.	SOLEIL Coucher.	LUNE Lever.	LUNE Coucher.
	h. m.	h. m.	h. m. soir.	h. m.
1	6.49	4.38	2.31	— matin
2	6.50	4.37	2.58	0.11
3	6.52	4.35	3.30	1.19
4	6.53	4.33	3.39	2.25
5	6.55	4.32	3.59	3.30
6	6.57	4.30	4.19	4.34
7	6.58	4.29	4.39	5.38
8	7. 0	4.27	5. 1	6.42
9	7. 1	4.26	5.27	7.46
10	7. 3	4.25	5.58	8.49
11	7. 5	4.23	6.35	9.50
12	7. 6	4.22	7.20	10.47
13	7. 8	4.21	8.13	11.38
14	7. 9	4.19	9.13	soir. 0.22
15	7.11	4.18	10.20	1. 0
16	7.13	4.17	11.31	1.32
17	7.14	4.16	— matin	2. 0
18	7.16	4.15	0.46	2.25
19	7.17	4.14	2. 3	2.49
20	7.19	4.13	3.23	3.14
21	7.20	4.12	4.45	3.41
22	7.22	4.11	6. 9	4.12
23	7.23	4.10	7.34	4.49
24	7.25	4. 9	8.55	5.35
25	7.26	4. 8	10. 7	6.31
26	7.28	4. 7	11. 8	7.35
27	7.29	4. 6	11.56	8.45
28	7.30	4. 6	soir. 0.33	9.57
29	7.32	4. 5	1. 2	11. 7
30	7.33	4. 5	1.25	—

DÉCEMBRE 1870

Jours du mois.	SOLEIL Lever.	SOLEIL Coucher.	LUNE Lever.	LUNE Coucher.
	h. m.	h. m.	h. m. soir.	h. m. matin
1	7.34	4. 4	1.46	0.16
2	7.36	4. 4	2. 6	1.23
3	7.37	4. 3	2.26	2.28
4	7.38	4. 3	2.45	3.32
5	7.39	4. 2	3. 6	4.36
6	7.40	4. 2	3.31	5.39
7	7.42	4. 2	4. 0	6.42
8	7.43	4. 2	4.35	7.44
9	7.44	4. 1	5.17	8.43
10	7.45	4. 1	6. 8	9.36
11	7.46	4. 1	7. 6	10.23
12	7.47	4. 1	8.10	11. 2
	7.48	4. 1	9.19	11.36
13				soir.
14	7.48	4. 1	10.30	0. 5
15	7.49	4. 2	11.44	0.30
16	7.50	4. 2	— matin	0.53
17	7.51	4. 2	1. 0	1.16
18	7.51	4. 2	2.18	1.40
19	7.52	4. 3	3.39	2. 7
20	7.53	4. 3	5. 2	2.39
21	7.53	4. 4	6.24	3.20
22	7.54	4. 4	7.41	4.11
23	7.54	4. 5	8.49	5.12
24	7.55	4. 5	9.45	6.21
25	7.55	4. 6	10.28	7.35
26	7.55	4. 7	11. 2	8.48
27	7.55	4. 7	11.29	9.59
28	7.56	4. 8	11.52	11. 8
29	7.56	4. 9	soir. 0.12	— matin
30	7.56	4.10	0.31	0.14
31	7.56	4.11	0.51	1.19

N° XII.

AURORES BORÉALES.

QU'EN PENSENT LES SAVANTS? QUE DOIVENT EN PENSER LES OBSERVATEURS DE L'ÉCOLE DU SENS COMMUN?

Il arrive quelquefois la nuit que la partie du nord de l'horizon s'illumine des feux qui se montrent le matin à l'est et précèdent le lever du soleil, sous le nom antique d'*aurore*, à qui, depuis Homère, les poëtes ont donné des doigts de rose, charmante expression qui rend d'un seul mot la beauté scintillante du phénomène.

De la même manière, les astronomes, qui se passionnent comme les poëtes, ont donné à ces feux, quand ils se montrent au nord, le nom d'*aurores boréales* ou *aurores du nord*; ils ont décrit le phénomène chaque fois qu'ils en ont été témoins, sous les couleurs les plus nouvelles, et en prêtant à leurs descriptions les tournures les plus propres à frapper l'esprit de leurs lecteurs.

Enthousiasme poseur d'Arago.

Il fallait entendre Arago, alors qu'il régnait par ordre sur l'Institut tremblant à sa voix, s'appesantir sur la moindre circonstance de l'événement, épiant, de son œil en colère, les coins de la salle d'où partait un léger éclat de rire, pour le dénoncer, de sa voix frémissante, à l'indignation de ses chers amis.

Enthousiasme modéré de ses imitateurs.

Ce que le Jupiter de l'Institut faisait en se posant, toutes les puissances terrestres, parmi les observateurs du ciel, ont essayé de le faire à leur manière, en brodant le canevas à leur façon, et trouvant nécessairement chaque fois quelque chose de nouveau, dans une apparition qui n'est jamais la même.

Observateurs sérieux : Mairan.

De Mairan est le premier qui ait publié, sur l'aurore boréale, un ouvrage *ex professo* (dans un *Traité physique et historique de l'Aurore boréale*, 2ᵉ édition de 570 pages in-4°, imprimerie royale, 1754); ouvrage que tous les observateurs subséquents n'ont fait qu'imiter sans le citer jamais; c'est la méthode en usage à l'Institut; ces messieurs se dispensent de citer les sources, afin de se donner, sous le titre de simples propagateurs, des airs d'inventeurs aux yeux des élèves; moyen d'être cité plus souvent eux-mêmes.

Les observations de Mairan remontent à 1726, 19 octobre, jour où apparút une des plus belles aurores boréales, dont il donna la description dans les *Mémoires de l'Académie*; et depuis cette époque il eut soin de décrire tous les phénomènes de ce genre qui apparurent de nouveau.

Il est évident que tout ce qu'on a écrit depuis sur ce sujet se réduit à bien peu de chose, en comparaison de ce que nous a laissé ce premier auteur, il y a environ cent quarante-deux ans.

André Celsius, Suédois.

L'homme qu'on a le plus oublié, en traitant des *aurores boréales*, c'est certainement André Celsius, savant suédois qui, en 1733, publia en latin, à Nuremberg, un ouvrage in-4° sur ce sujet, dans lequel il donna un recueil de trois cent seize observations d'*aurores boréales*, faites de 1716 à 1732.

De plus, Celsius est le premier qui ait fixé l'attention des savants sur l'agitation de l'aiguille aimantée, qui semble se manifester de préférence pendant l'apparition des aurores boréales.

Depuis l'époque de ces deux travailleurs sérieux, le sujet n'a presque plus compté que des glaneurs d'observations particulières, qui semblent avoir pris plaisir à donner, aux détails observés par eux, l'importance d'une loi générale, et aux circonstances fugitives du phénomène les caractères constants d'une spécialité.

Aurore boréale d'après Argelander.

D'après ARGELANDER, observateur suédois, un aspect sale du ciel dans le voisinage de l'horizon et dans la direction du nord précéderait l'aurore boréale ; bientôt la couleur deviendrait plus sombre et l'on verrait un segment circulaire plus ou moins grand entouré d'un arc lumineux ; ce segment aurait l'aspect d'un nuage épais. Grandes divergences d'opinions ensuite, parmi les auteurs, sur ce variable arc de cercle.

Aurore boréale d'après Bergmann.

D'après BERGMANN et HAUSTEEN , observateurs à Upsal et Christiania, deux villes presque sur le même parallèle, l'une en Suède et l'autre en Norwége, le segment dont parle *Argelander* serait quelquefois noir ou d'un gris passant au violet ; ils prétendent que plus on avance vers le nord , et plus ce segment serait noir.

Brouillard se transformant en aurore boréale d'après Gissler.

D'après GISSLER, en Suède, et à mesure qu'on avance sur les hautes montagnes , on est enveloppé d'un brouillard très-transparent d'un gris blanchâtre passant un peu au vert, qui s'élève du sol et se transforme en aurore boréale.

Couronne s'élevant de l'aurore boréale d'après Wrangel.

WRANGEL assure qu'une lueur s'élevait de l'aurore boréale vers la lune , dès ce moment la lune s'entourait d'une couronne ; il ajoute que la lumière se dissipait en nuages qui restaient blancs, et se montraient le lendemain à la voûte du ciel sous la forme de petits *cirro-cumulus* (*).

Opinions diverses sur ce segment.

Le sommet de l'arc ne correspond pas toujours, d'après les observateurs déjà cités, avec le méridien magnétique, avec lequel il leur semble être en communication.

Opinion d'Argelander.

Le segment de l'arc culminant, d'après *Argelander*, serait bordé d'un blanc brillant passant légèrement au bleu ; quand le crépuscule n'est pas fini entièrement, cet arc deviendrait un peu jaunâtre et même verdâtre, et occuperait, en largeur, deux et même trois diamètres apparents de la lune.

Opinion d'Hansteen.

HANSTEEN suppose que ce segment se complète en cercle au-dessous de l'horizon, en sorte que chaque observateur n'en voit qu'une portion variable, en raison de la solitude où il se trouve placé. On voit aussi fort souvent plusieurs arcs concentriques au premier et s'élevant jusqu'au zénith. Il reste visible souvent plusieurs heures ; alors, et pendant tout ce temps, l'arc se lève et s'abaisse.

(*) Mot bizarre inventé par un nomenclateur, pour désigner un genre indéfinissable de nuages et qui peut convenir à presque tous. (Voyez notre nomenclature des nuages dans l'Almanach de 1866.)

Ce segment lancerait ensuite des rayons qui s'élèveraient avec la rapidité de l'éclair vers le zénith ; ces rayons présenteraient des teintes vertes ou d'un rouge foncé, et dans certains cas, ils imiteraient la forme d'un peigne à dents espacées.

Lorsque ces rayons arrivent au zénith, ils y formeraient une couronne boréale, dont le centre se trouverait sur le prolongement de l'aiguille d'inclinaison.

Étendue des aurores boréales.

L'étendue des aurores boréales est infiniment variable ; elles occupent tantôt un espace restreint du ciel, tantôt elles sont visibles en Europe et au Canada, tantôt de Macao à Caracas ; elles se montrent également au pôle austral comme au pôle nord ; on en a vu une, même au pôle nord, sur un vaisseau en station dans la latitude de 45° sud.

Périodicité prétendue des aurores boréales.

On a cru arriver à constater une espèce de périodicité dans l'apparition des *aurores boréales*, et une concordance dans les couleurs des rayons avec les heures de la journée ; et tout cela à la faveur d'observations groupées par la statistique, qui se trompe si souvent, par suite des lacunes dans les observations.

Abondance des aurores boréales selon les saisons.

Par les mêmes vices, les aurores boréales semble

5.

raient être plus abondantes au mois de mars et au mois d'octobre. La statistique présente toujours des conclusions tout aussi inexplicables.

Hauteur et crépitation des aurores boréales.

Même divergence d'opinions au sujet de la hauteur des aurores boréales, que les uns élèvent de 37 à 192 kilomètres, et d'autres à 750 kilomètres; enfin, au sujet d'un petit bruit de crépitation qui accompapagnerait chaque fois l'apparition d'une aurore boréale.

Voilà à peu près où en est la science en Allemagne et en Suède au sujet des aurores boréales.

Pénurie dans nos cours officiels en France.

Rien de tout cela n'était professé en France dans nos cours les plus officiels de physique et de météorologie, ainsi que vous allez en juger :

Opinion de Pouillet.

Prenons pour exemple la dernière et 7e édition des *éléments de physique expérimentale et de météorologie* de feu POUILLET, membre de l'Académie des sciences et professeur de ces deux sciences dans notre université.

Voici ce qu'il en dit, en terminant son deuxième volume par l'article consacré à la description des *aurores boréales* :

« Le phénomène des aurores boréales paraît être le plus

magnifique, le plus resplendissant, le plus imposant de ceux qui puissent s'offrir à nos regards, en même temps que le plus compliqué, le plus inextricable, le plus insaisissable de ceux qui s'offrent à nos recherches. Avant que les premières notions de la science fussent écloses, on admirait les aurores boréales, comme on admirait le lever et le coucher du soleil, le spectacle du ciel et le mouvement des astres. Depuis qu'il est permis de les regarder avec des yeux moins étonnés, on les admire, on les observe, on les mesure, et l'on n'a rien appris encore sur leur origine, sur leurs causes, sur leurs lois, sur les conditions physiques et matérielles de leurs apparitions, et même le lieu qu'elles occupent; car il reste des doutes sur la question de savoir si elles sont renfermées dans le sein de l'atmosphère, ou si elles se manifestent au delà de ses limites. Ce serait le désespoir de la science, si la science pouvait se désespérer; mais tous les jours elle apprend à mieux reconnaître qu'il y a entre les phénomènes naturels des liens de subordination nécessaire; que tenter des explications prématurées, c'est fausser la méthode; qu'il faut savoir ignorer, ou plutôt savoir attendre, c'est-à-dire, chercher des phénomènes plutôt que des explications. »

Jocrissiade scientifique.

Si vous relisez avec attention ce ramassis de phrases, vous retrouvez feu Pouillet, tout entier avec sa redondance ordinaire, toujours monté sur des échasses pour annoncer des merveilles de la montagne de la science qui enfante ensuite une souris; et vous ne tarderez pas à partir d'un éclat de rire, en lisant *qu'avant que les premières notions de la science fussent écloses, on admirait les aurores boréales, comme on admire le lever et le coucher du soleil;* mais *depuis qu'il est permis* (ce qui auparavant n'a jamais été défendu) *de les regarder avec des yeux moins étonnés....* (eh bien! que fait-on de plus qu'anciennement aujourd'hui?) *on les admire* (comme on faisait alors), *on les observe, on les mesure, et l'on n'a rien appris sur leur origine*, etc.

C'est vraiment digne de Jocrisse ! ! !

Ensuite, l'illustre professeur du public et des *enfants de France* se met à donner, comme un *spécimen* d'aurore boréale, près de quatre pages de description d'un de ces phénomènes observés par le lieutenant de vaisseau Lottin, à Bossecop, sur la côte de West-Finmark, et qui est certainement une exception dans la longue liste des aurores boréales déjà décrites avant lui.

M. Lottin a dû être bien recommandé d'en haut, pour ne pas subir la *loi du silence* que Pouillet a fait peser sur ses infortunés préparateurs et ses collaborateurs (*).

A la manière dont Pouillet présente l'une des figures de Lottin, on aurait envie de croire qu'elle est le type de toutes les autres ; tandis que, pour les connaisseurs, ce n'est qu'une des innombrables formes qu'on n'aura jamais l'occasion de revoir ; imaginez-vous la moitié supérieure d'un timbre de pendule, et rien de plus et rien de moins ; voilà la figure complète du phénomène.

(*) Voyez les réclamations de F. Collardeau (52, faubourg Saint-Germain), qui sont restées sans réponse, quoiqu'il le traite cruellement de plagiaire.

Adeptes de Jésus.

Et voilà, en général, comment en France les adeptes de Jésus traitent l'enseignement universitaire : cumulards, ils tiennent dans le silence leurs aides, pour les empêcher d'avancer en faisant avancer la science ; plus occupés de solliciter que d'expérimenter, ils sont plus les persécuteurs que les professeurs de l'école ; et ils meurent ensuite riches d'écus et non de découvertes, vantés sur la tombe par un savant de leur espèce, et maudits de tous ceux qu'ils ont écrasés, et cela dure depuis cinquante ans !

Retour à la question.

Revenons à notre sujet ; nous avons vu les doutes de la science sur les causes et l'origine des *aurores boréales ;* ayons recours aux analogies du simple bon sens, pour découvrir à quoi ce phénomène se rapporte dans la nature.

Il n'est pas un de mes lecteurs qui n'ait eu devant les yeux l'appareil saisissant d'un lever et d'un coucher de soleil, et qui n'ait fait cette réflexion que, pas une seule fois, le spectacle s'est représenté sous la même forme, dans l'immense variété des couleurs de la palette ; chaque fois le ciel se colore de nouveaux jets de lumière, qui illuminent les nuages de bleu et de carmin de la manière la plus resplendissante, et lancent des feux brûlants, des flammes éblouissantes qui viennent embraser par réflexion les vitres des édifices, de manière à faire croire à l'incendie de l'intérieur. Décrire le phénomène, ce serait impossible à l'observateur, tant l'aspect fugitif échappe au trait qui le dessine ; une merveille vient se jeter à travers une merveille, la nuancer, la compliquer et la transformer en plusieurs autres. On reste en face, ébloui, dans le silence de la contemplation, d'un spectacle qui ne laisse aucune place à la réflexion.

Que ce phénomène prenne son azimuth un peu plus vers le nord, à un instant quelconque de la nuit, et vous aurez, par ce simple changement de place, et avec moins d'éclat, une *aurore boréale*, que tous les observateurs de la région, où elle est visible, se mettront à vouloir décrire, en suivant ses variations et ses différentes coïncidences qui sembleront prendre le nom d'effets différents.

Aurores ascendantes et descendantes.

Examinons par quel mécanisme la nature s'y prend pour procéder au magnifique spectacle de l'aurore, au lever du soleil (que j'appellerai *aurore ascendante*), et de l'aurore, au coucher du soleil (que j'appellerai *aurore descendante*).

Mécanisme des aurores.

Si le soleil rencontre au-dessous de l'horizon les vapeurs qui s'exhalent de la terre, la moitié de la calotte du ciel offrira une magnifique teinte cramoisie unie et sans tache.

S'il a, en se levant et en se couchant, au-devant de lui, un nuage de neige, vous aurez une teinte bleue bordée de jets rayonnants de blanc, formant une gloire à rayons divergents larges, et s'étalant avec majesté sous la voûte céleste.

Si le soleil, dans l'une ou l'autre position, marche derrière un nuage transparent de glace, c'est alors que le spectacle réunit tout ce qu'on peut imaginer de plus féerique, par l'apparition incessante de perles de tous les reflets, de jets lumineux de toutes les couleurs, de toutes les portées, de toutes les formes, qui se succèdent avec les facettes du cristal qu'ont à traverser les rayons solaires; et cela, jusqu'à ce que l'écran d'eau cristallisée ait été parcouru par le grand astre pour nos yeux, afin de continuer le phénomène aux yeux des populations dont il entame l'horizon.

On n'a jamais cité une seule *aurore boréale* qui ait atteint de fort loin la beauté splendide de l'un de ces brillants phénomènes de certains levers et couchers du soleil.

Reproduction expérimentale du phénomène.

Voulez-vous les reproduire en entier mécaniquement ; cachez une lumière derrière la buée d'une vapeur d'eau, vous aurez le premier genre de phénomène ; derrière un bloc de neige, vous obtiendrez les rayonnements et les scintillations du second au-dessus d'un rideau bleu ; enfin derrière un bloc de glace fondante, et vous reproduirez les mille changements des brillants phénomènes du troisième genre ; ou bien enfin, servez-vous d'une belle lame de cristal à facettes pour multiplier de mille manières tous les jeux d'un pareil spectacle, surtout si vous opérez dans une chambre obscure.

Ainsi la réflexion d'un simple nuage de glace sur la vapeur ou sur un autre nuage peut nous reproduire toutes ces merveilles des levers et couchers du soleil.

Or, que le dernier nuage de glace réfléchissant se trouve placé plus vers le Nord que vers l'Est ou l'Ouest, et, dès ce moment, tout le monde savant se mettra à crier merveille, car vous aurez alors une aurore boréale, toujours nouvelle de formes, quoique la même d'origine.

Différences dans les caractères expliquées avec le même bonheur.

Cela étant accepté, vous allez voir comment toutes les différences dans les caractères, admises avec tant de prétentions, s'expliquent avec la plus grande facilité par la ressemblance dans la cause que nous venons de signaler.

Fréquence des aurores boréales vers les pôles.

Les aurores boréales sont d'autant plus fréquentes que l'observateur se trouve placé plus près du nord boréal ou austral, car les nuages de glace sont plus bas vers le Nord que vers les parties plus tempérées ; et elles doivent être plus fréquentes vers le Nord, dans les mois où la brume cesse d'envelopper l'horizon de la zone, tels que le mois de mars, ou au mois où le temps se refroidit et n'a pas encore enveloppé l'horizon des brumes qui s'interposent entre le soleil et les nuages de glace ; quoique dans ces parages, et pendant les autres mois, les aurores boréales soient assez fréquentes et arrivent toutes les fois que la brume offre la nuit une faille qui permette aux rayons lumineux de venir se réfléchir sur un nuage de glace.

De là vient qu'à Bruxelles les *aurores boréales* se montrent plus fréquemment qu'à Paris, qui n'en est pourtant qu'à une distance directe, mais oblique à la latitude, de 50 lieues communes de France.

Bruit de crépitation des aurores boréales.

Les bruits que l'on croit entendre pendant l'apparition des aurores boréales n'ont jamais été ouïs dans les pays chauds, par les temps calmes, et ne proviennent, dans les pays à glace, ou pendant les forts hivers des zones tempérées, que de la crépitation qui accompagne constamment la formation croissante de la glace. On aura plus remarqué ce bruit pendant qu'on assistait à l'apparition d'une aurore boréale qu'on n'y a fait attention les autres fois.

Hauteur des aurores boréales.

La hauteur des *aurores boréales* varie tout autant que celle des *aurores ascendantes* et *descendantes ;* et cela dépend, dans les trois cas, de la hauteur des vapeurs ou des nuages de neige et de glace qui concourent à la réflexion des rayons lumineux, hauteur infiniment variable.

Aurores à la base méridionale.

Existe-t-il des *aurores à la base du méridien* ? Cela est possible en hiver, mais non par les temps doux, puisque les *aurores boréales* exigent et supposent la présence des nuages de glace parfaitement cristallisés, et que les nuages au Sud, ou bien viennent de l'équateur ou ils y vont en fondant et en usant leurs surfaces. Du reste, s'il arrivait, par le reflet des vapeurs de l'horizon, quelque chose de semblable, on ne manquerait pas de mettre le phénomène sur le compte des déviations des *aurores ascendantes* ou *descendantes*, si le phénomène avait lieu le matin ou le soir, ou bien des clartés insignifiantes à une autre heure.

Coïncidence des mouvements de l'aiguille aimantée avec l'apparition des aurores boréales.

Quant au rapport des mouvements désordonnés de l'aiguille aimantée avec l'apparition des aurores boréales, il n'est rien, dans les lois et phénomènes météorologiques qui concorde moins ensemble que ces deux sortes de circonstances ; il apparaît, en effet, des aurores boréales sans que l'aiguille aimantée manifeste la moindre agitation ; de même que l'aiguille aimantée se prend à s'agiter sans que nulle part il apparaisse la moindre aurore boréale. Au reste, l'aiguille aimantée n'est jamais constamment stable, elle marche sans cesse soit à l'est, soit à l'ouest de son méridien, et cela de quelques minutes par jour.

Il est très-possible que certaines aurores boréales exercent une certaine influence sur l'aiguille aimantée; et voici comment : l'aiguille aimantée est un morceau d'acier étiré au laminoir, de manière à disposer ses atomes en canaux longitudinaux, ce qui les rend perméables, après avoir reçu la communication de la part d'un morceau d'aimant, qui est un morceau de fer déjà en communication semblable et perméable au courant de chaleur ou calorique, qui se rend de l'équateur vers l'un et l'autre pôle. Toute aiguille aimantée a, dès ce moment, un côté constamment tourné vers le Sud et le côté opposé vers le Nord du monde ; plus vous approchez de l'un et l'autre pôle et plus le côté polaire de l'aiguille baisse vers la terre qui semble l'attirer en soutirant le calorique qui la traverse. On comprend ainsi que l'aiguille doit suivre les oscillations du calorique qui vient de la zone torride ; de là les oscillations horizontales à l'Est et à l'Ouest qui constituent la déclinaison de l'aiguille. Chaque bouffée de chaleur imprime une secousse et une variation à l'aiguille, et chaque formation ou fusion d'une montagne de glace vers le Nord change la direction constante à peu près de l'aiguille aimantée, par le changement du courant d'attraction du calorique.

Il n'y aurait donc plus rien d'étonnant à ce que la réflexion, par un nuage de glace, du calorique du courant venu de l'équateur, modifiât de temps en temps et selon les incidences des rayons lumineux, les oscillations de droite à gauche de l'aiguille aimantée.

Pour vous assurer expérimentalement de l'identité du calorique et du magnétisme de l'aiguille aimantée, je renvoie mes lecteurs au *Nouveau système de Chimie organique*, vol. III, 4e partie, 1838.

Exemple d'une aurore boréale dont la description varie, sous toutes les formes, selon la position de l'observateur.

Je prends l'exemple dans la dernière *aurore boréale*, visible en France et en Angleterre, dans la nuit du 15 au 16 avril 1869.

A Bruxelles, le phénomène a commencé à se montrer vers 9 heures, le 15 au soir, et a duré jusqu'à 2 heures du matin.

A Paris, l'un des observateurs l'a vue à 8 heures du soir ; pour lui, à 11 heures, l'obscurité était complète et la pluie survenait.

Un autre ne l'a vue que vers 8 h. 10 min. et tout a disparu vers 10 h. 45 min.; un autre l'a signalée vers 9 heures juste, et l'a fait finir à 11 heures.

A Amiens, l'aurore s'est montrée à 8 heures ; elle s'est éteinte vers 9 heures et s'est remontrée, avec une nouvelle force, vers 10 heures, pour s'éteindre tout à fait vers 10 h. 45 min.

Dans le Lot-et-Garonne, l'aurore a commencé à 8 heures le 15, et a cessé à 8 h. 30 min.

Dans le Gers, le phénomène a eu lieu vers 7 h. 30 min. et n'a pas tardé à s'effacer.

La perturbation de l'aiguille aimantée n'a pas dépassé les perturbations ordinaires.

Quant à la lueur, pas un observateur ne l'a décrite et, par conséquent, ne l'a vue de la même façon.

Toutes ces différences s'expliquent parfaitement par la différence de position et peuvent être reproduites, dans une chambre obscure, par le mouvement d'une glace à facettes éclairée par une lumière ; l'angle de réflexion n'est jamais le même pour chaque observateur et arrive à l'œil de l'un avant de frapper l'œil de l'autre.

Observation de la même aurore qui m'est personnelle.

Or, voici une circonstance que nul observateur n'a signalée et que j'ai eu soin de noter sur mon *Journal météorologique*, le 15 avril :

« 4 heures, petite pluie ; — 7 heures, ciel très-beau, nuages pourpres un peu partout dans tout le ciel, éclairant d'un beau rouge les cheminées et le sol; longue bande d'un nuage rouge passant par le zénith du Nord-Est au Sud-Ouest. C'est cette bande qui éclairait le sol des environs de cette magnifique teinte de pourpre.

« 8 h. 1/2, même effet au Nord simulant une aurore boréale ; insensibilité de *l'aiguille aimantée*. »

Les grands arbres qui nous entourent m'ont dérobé le restant du phénomène, qui certainement n'a été qu'une faible continuation de l'effet grandiose dont j'ai été le témoin, vers 7 heures, au coucher du soleil qui en était la véritable cause.

Donc la réflexion que l'on a vue à 8 h. 1/2 était l'effet du soleil, comme celle qui a eu lieu à 7 heures.

Simple question finale aux physiciens encroûtés de leurs vieilles incertitudes.

Vous êtes toujours partisans, malgré tout, de l'action du magnétisme terrestre, comme vous l'entendez ou ne l'entendez pas, sur l'apparition de l'aurore boréale.

Et, d'après vous, le soleil n'aurait aucune part sur ce phénomène, qui peut embraser le ciel de manière à être visible dans tout un hémisphère ?

Mais expliquez-moi donc comment la cause d'une aussi vaste lumière ne produit pas la moindre hausse dans le thermomètre ; c'est par un miracle, sans doute ; mais comme les miracles s'en vont, la raison ne tardera pas à en reprendre la place.

N° XIII.

INFLUENCE
DU PERCEMENT DE L'ISTHME DE SUEZ
SUR LA MÉDITERRANÉE.

Nous avons expliqué ailleurs la raison pour laquelle la Méditerranée est exempte des marées qui se montrent si régulièrement dans la Manche, c'est-à-dire, dans un espace qui occupe trente fois environ moins d'étendue.

Nous avons établi que la Méditerranée n'était qu'un vaste lac formé, sur son passage, par un fleuve qui commence aux sources du Dniéper et finit à son embouchure à Gibraltar, endroit où il communique avec l'Océan d'où émanent les marées (*).

Il suit de là que le niveau de la Méditerranée doit être supérieur au niveau de l'Océan, ainsi que cela arrive, jusqu'à leur embouchure, à la surface de tous les fleuves, produits et sans cesse grossis par la fonte incessante des neiges des montagnes.

Une fois les eaux du lac arrivées au niveau du fleuve qui l'alimente, elles suivent le courant ainsi

(*) Voyez notre *Almanach météorologique* pour 1869, p. 95.

que toutes les autres vagues du torrent, et restent jusques à l'embouchure, à une hauteur plus élevée que la surface de la mer.

Donc le niveau de la Méditerranée dépasse de beaucoup celui de la Mer Rouge, avec laquelle l'ouverture de l'isthme de Suez va la mettre en communication.

Il arrivera de là que, dès que ce but aura été atteint, les eaux de la Méditerranée refouleront d'abord les eaux de la mer Rouge, et qu'une fois cet effet obtenu, c'est-à-dire, une fois la communication établie, par un va-et-vient des eaux, la mer Méditerranée aura acquis, jusqu'à un espace déterminé, le jeu régulier des marées, qui lui viendront de l'Océan par la Mer Rouge d'un côté et Gibraltar de l'autre ; de même que la Manche qui se trouve en communication avec l'Océan par deux ouvertures, l'une du côté de Brest et l'autre du côté de la mer du Nord ; et ce sera là, en outre sur le moment, une grande révolution des eaux. (*Écrit le 14 août 1869.*)

N° XIV.

DIMINUTION JOURNALIÈRE

DES EAUX DE LA MER.

André Celsius, savant suédois du milieu du xviiie siècle, émit, à Upsal, l'idée appuyée sur une foule d'expériences et d'observations, à savoir que la surface de la mer n'a cessé, de temps immémorial, de s'abaisser en diminuant de volume, et qu'elle continue à perdre ainsi de son volume de nos jours, d'une manière suivie et régulière. Cette opinion divisa le monde savant en deux camps, et compta pour adhérent Linné, le grand Linné lui-même. André Celsius était un observateur de génie et qui, pendant son séjour en France, se rendit très-utile aux astronomes du pays ; sa mort, à l'âge de quarante-trois ans, laissa un grand vide dans sa patrie.

Ceux de nos lecteurs, qui se seront attachés à suivre notre *système de météorologie*, ne seront nullement embarrassés de comprendre la raison qui met en évidence l'opinion, abandonnée depuis longtemps, que soutint pendant sa vie l'illustre observateur suédois.

Nous avons admis en effet, comme conséquence d'un fait de tous les instants, que l'hydrogène se dégage des eaux , de la terre humide , de la respiration des plantes et des animaux , de tout ce qui fermente dans ce bas monde ; dégagement qui ne laisse pas un pouce de terrain inutile à ce fait sur notre globe.

Cet hydrogène est, non-seulement le gaz le plus léger que l'on connaisse et qui ne séjourne pas au-dessus des lieux qui l'ont vu se dégager, mais qui tend à s'élever de plus en plus haut ; et, à chaque degré de son ascension, sa légèreté augmente avec sa dilatation, en sorte qu'arrivé à la région de la lune, il doit approcher de l'impondérabilité de la lumière.

Il suit de là que non-seulement l'atmosphère de la terre augmente chaque jour, par suite du calorique que notre globe soustrait chaque jour au soleil, ce qui produit sa rotation incessante ; mais encore, en même temps , que, par le dégagement constant de l'hydrogène qui provient de la décomposition des eaux de la mer et des fleuves, l'oxygène que l'hydrogène abandonne se combine en oxydes et acides avec les corps dits fixes.

D'où il suit, comme une conséquence rigoureuse , que le volume de la partie aqueuse du globe doit diminuer de temps immémorial et que la mer diminue de plus en plus de volume.

Les corps organisés suivent proportionnellement cette diminution dans leurs formes, ce qui rend les géants de plus en plus rares, eux qui constituaient l'espèce dans les siècles passés. Les cellules en effet des corps organisés recevant, pour se développer, de moins en moins d'hydrogène, arrivent à un moindre volume et communiquent leur tendance, de moins en moins forte, à tout l'individu, et partant leur durée moins étendue; les animaux, de cette manière, grandissent moins et meurent plus tôt.

N⁰ XV.

GLOIRE POSTHUME.

Un grand peintre mort trop jeune.

La dernière année que j'ai habité le village d'Uccle près Bruxelles, vers le milieu de 1853, mon fils Camille, le médecin, nous apporta de Paris, entre autres de ses achats artistiques, une assez grande toile, de 1 mètre 69 de large, sur 1 mètre 24 de haut environ, qui de prime abord fixa mon attention par sa facture d'un genre tout nouveau dans l'école française, mais d'une nouveauté qui n'avait laissé aucune trace d'imitation dans nos annales, quoique tout y indiquât une date antérieure à la belle époque de David. Le possesseur de cette œuvre en avait compris tout le mérite par le soin avec lequel il l'avait replacée sur un châssis moderne avec clavettes, après l'avoir nettoyée d'une manière intelligente; mais nulle part il n'avait laissé aucune trace de son opinion, par une inscription quelconque derrière le châssis.

Je cherchai vainement au bas de la toile la signature du peintre; et pourtant cette page n'était pas une copie et valait bien la peine de porter un de nos plus beaux noms de la fin du siècle passé.

Au premier abord, on eût pu prendre ce sujet comme un chef-d'œuvre d'un concours pour un prix de Rome; mais il y avait là le cachet d'un grand peintre et rien qui décelât le pinceau d'un élève, c'était trop beau de simplicité et de la chose la plus difficile à atteindre dans l'art, l'absence apparente du travail et de l'art.

Comme dans la recherche des chefs-d'œuvre à laquelle mes deux fils se livraient, pour former leurs galeries respectives, mon fils Benjamin le peintre, dans l'école hollandaise et flamande, et mon fils Camille, dans toutes les écoles, c'était à moi que revenait l'étude des difficultés historiques des peintres et des sujets, j'avoue avoir été bien embarrassé d'assigner à ce chef-d'œuvre un nom connu dans l'histoire de la peinture française, et j'avoue m'être arrêté souvent à réfléchir devant cette toile sans nom.

Sujet du tableau : Derniers adieux de Coriolan à sa femme.

Coriolan vient d'apprendre que la fureur du peuple, contre sa haine des sénateurs, ne s'est arrêtée contre lui que devant la citation faite par les tribuns du peuple au pied de leur tribunal. Décidé à ne pas s'y rendre et à partir pour se mettre à la tête des Volsques et venir venger l'injure faite à sa dignité, il est rentré dans le gynécée de son palais, pour serrer à la hâte la main à sa jeune et digne épouse. Cette détermination déjà pressentie glace d'effroi tous les assistants accourus à cette scène. Son épouse Volumnie vient de retirer de son berceau le plus jeune de ses deux enfants pour le tendre au dernier baiser de son père ; elle s'affaisse sur sa chaise ; l'enfant se cache sur ses genoux, ayant comme la conscience de l'irritation paternelle, pendant que sa jeune mère écoute, naïvement paralysée par les supplications qui expirent sur ses lèvres, le dernier adieu que lui adresse son époux, en l'invitant à comprendre la justice du parti qu'il a dû prendre pour venger son implacable haine : il lui serre la main et l'on voit qu'il part. Ses armes sont suspendues contre le mur au-dessus du berceau de l'enfant : armes sacrées, il n'y touchera pas pour la vengeance qu'il médite.

L'aîné de ses jeunes enfants pleure en se rapprochant de son père, la main appuyée sur les genoux de sa grand'mère, Véturie, qui, à cette nouvelle qui fait tache à son sang romain, retient les battements de son cœur de la main droite, en tombant en syncope sur son fauteuil, et s'en va de plus en plus vers le sol ; la main droite se relâche, la gauche s'en sépare et retombe, le corps suit la main, la tête suit le corps ; et l'œil voit avec effroi ce mouvement d'abandon de la vie, dont nul ne se doute dans ce drame, pas même la jeune personne accoudée sur le dos du fauteuil de sa mère qu'elle couvre, on le sent, de ses sanglots désespérés. Derrière Coriolan, trois de ses frères ou amis, l'un consterné, l'autre étouffant ses pleurs dans ses mains, et le troisième dans un pli de son manteau ; et plus loin sous la voûte de l'escalier, la famille d'esclaves dans la tristesse et l'abattement.

Exécution.

Tout cela s'agence et se groupe avec une telle facilité que l'art se cache partout, sous l'étude et les longues observations. Les étoffes sont taillées d'après l'antique ; modestie dans les couleurs ; les chairs, au lieu d'être peintes glacées de carmin et ramollies de graisse, sont nerveuses, palpitantes et faites pour ainsi dire avec de la chair, ainsi qu'on l'a dit du Titien ; le dessin semble pris dans l'espace par un trait de lumière, plutôt que jeté sur la toile, tellement l'air circule à travers tous les mouvements des personnages, tellement le fini efface toutes les ruses de l'art ; nulle expression d'après le modèle, mais d'après l'étude physiognomonique profondément observée ; point de pose théâtrale et pour frapper le spectateur : scène de douleur si intime qu'on ne peut la voir sans la partager.

Enfin, dans l'école du commencement de ce siècle, nulle page ne porte un tel cachet et une méthode aussi neuve, un faire aussi digne de l'art antique dans sa savante simplicité ; l'auteur d'une pareille page a dû inaugurer une belle école, qui aura disparu bien vite sous les poses académiques de l'école des David, des Girodet, des Gros, etc.

Et pourtant pas de signature au bas du tableau.

Énigme à deviner.

J'en étais venu à jeter ma langue aux chiens, lorsqu'en lisant la continuation des *Mémoires secrets* de Bachaumont (tome XVIII), il m'arriva de lire avec plus d'attention à la page 71, vers la date du 27 septembre 1781, l'article suivant, qui ne laisse rien à désirer sur les difficultés à résoudre que présente ce chef-d'œuvre ; je le transcris littéralement :

« **27 *septembre*.** — Un tableau de M. *Aubry*, exposé cette année au salon, fait qu'on s'entretient de cet artiste dont on regrette la mort. Il était né à Versailles. Ayant copié dans sa jeunesse beaucoup de portraits, il embrassa ce genre, comme par occasion, s'y perfectionna et fut reçu en 1774 à l'académie. Voulant donner plus d'essor à son génie, qu'il sentait ne devoir pas être borné à ce talent stérile, il se livra au genre auquel Greuze a donné le sien : il imagina des scènes pathétiques et morales, prises dans la vie domestique ; *le Mariage interrompu* lui fit beaucoup d'honneur en 1771 ; enfin, il était entré dans la carrière de l'histoire et était allé en Italie, sous les auspices du comte d'Angiviller (*). On prétend qu'il emportait dans son cœur un trait qui l'a conduit au cercueil ; malgré le chagrin, poison destructeur de tous les talents, il n'en perfectionna pas moins les siens, ce qu'on voit dans une œuvre posthume de sa façon : les *Adieux de Coriolan à sa femme*, justement admirée cette année, où l'on trouve une couleur vraie, une composition sage, un effet net, et surtout un excellent goût de l'antique. On ne peut que regretter un pareil artiste, dont ce tableau était le début dans l'histoire, et mort à 36 ans dans sa ville natale. »

Voilà donc le mot de l'énigme retrouvé : le nom du peintre, ce beau talent à son début, après l'abandon

(*) Le comte de la Billarderie d'Angiviller, directeur et ordonnateur des bâtiments du roi, jardins, académie et manufactures royales.

de son premier genre ; enfin la raison de l'absence de la signature : l'ouvrage est posthume et déposé, par une main amie, à l'exposition de peinture de 1781.

,L'auteur, de sa main mourante n'ayant pas cru devoir le signer, ne le jugeant pas encore achevé, et vraiment il avait raison ; on remarque en effet que le modelé et le profil des personnages du second plan manquent de ce caractère arrêté qui distingue le dessin de tous les personnages du premier plan, dessin qui a soulevé l'admiration publique, à l'exposition de 1781 ; tandis que ceux du second plan et tous les autres rentrent encore un peu dans la première manière du peintre.

Aubry a dû maudire son sort, lorsque, dans la dernière faiblesse de son triste marasme, le pinceau lui a échappé des mains ; c'est si cruel d'avoir la conscience de son génie, et de sentir encore que l'on s'en ira sans avoir assez fait pour jeter les fondements d'une école nouvelle, et en laissant le soin de sa gloire aux hasards de la fortune et de l'amitié.

Je voulus savoir ce que pensaient les contemporains et les modernes d'un peintre arrivé si vite à une telle perfection et enlevé si vite à sa gloire.

Charles Blanc n'a pas même fait mention du peintre si connu de son temps ; c'était pourtant bien le cas de filer de longues phrases, selon l'habitude de nos écrivains français, qui improvisent des livres aux ordres des libraires : livres faits avec des livres et des phrases d'*argot* d'atelier.

J'eus recours à la Belgique, pays de recherches et

de véritable érudition, et je pris le *Dictionnaire historique des peintres de toutes les écoles*, par ADOLPHE SIRET, publié en 1848; ouvrage consciencieux et fruit de longues recherches, réduites à quelques mots et présentées en tableaux. Or voici ce que j'y trouvai, page 262.

« AUBRY (ÉTIENNE), né à Versailles en 1745, mort en 1781. Portrait, genre, etc. — Élève de Vien, reçu académicien, mort à Paris. — Goût très-inconstant; peignit d'abord le portrait, puis les scènes familières, dans lesquelles il réussit, *et enfin l'histoire où il échoua.* »

Évidemment M. Siret n'avait pas eu occasion, en écrivant ce dernier membre de phrase, de lire la page ci-dessus citée des *Mémoires secrets* et d'avoir sous les yeux la belle page de peinture dont je m'occupe.

Dans la nouvelle édition du même ouvrage que l'auteur a publiée en 1866, mais sous la forme ordinaire des dictionnaires classiques, l'auteur n'a rien changé aux précédentes indications, si ce n'est, que ce grand artiste serait mort à Rome; circonstance dont n'ont pas parlé les *Mémoires secrets*, et qui paraît plus certaine : le tableau dont nous parlons a dû être envoyé à l'exposition par l'ambassadeur français.

On trouve, dans la collection des estampes de la Bibliothèque de la rue de Richelieu, un certain nombre de gravures d'après les tableaux du peintre : elles permettent d'apprécier la popularité qu'il avait acquise, en marchant sur les traces du génie de Greuze, dans la carrière nouvelle que Greuze avait ouverte, en substituant les scènes de la morale populaire aux scènes galantes de Watteau. On voit que, de tous ceux qui se jetèrent dans cette voie nouvelle, Étienne Aubry fut celui qui en approcha de plus près, quoiqu'encore de fort loin, car nul ne l'a approché, ce Greuze, dans le choix des sujets d'une morale sérieuse et touchante qui attache et désarme la critique ; l'imitation ne reproduit bien en général que les défauts du modèle.

Aubry semble s'en être écarté par la fermeté du dessin (*).

Quoi qu'il en soit, il dut acquérir une popularité assez grande, car son œuvre a donné lieu à des contrefaçons de bas étage et faites pour le commerce à bon marché.

Dans le nombre, je n'ai pas rencontré les *Adieux de Coriolan à sa femme* qui ont terminé sa vie par un avenir si vite brisé pour sa gloire et celle de l'école française ; j'ignore si la gravure a reproduit le tableau.

Diderot n'a pas continué ses études au salon de 1771 où se fit remarquer le tableau d'Aubry : *le Mariage interrompu ;* ni à celui de 1781, où l'on admira les *Adieux de Coriolan à sa femme ;* je suis convaincu qu'il l'aurait acclamé de son inépuisable verve, comme présage posthume d'une révolution que David a fait avorter.

(*) Il nous a semblé que ses modèles se sont trouvés flamands, d'après surtout le caractère des mains étalées. (*Revue complémentaire des sciences appliquées*, tome I, page 96, 1854).

Qu'il est triste, pour un homme de génie, de sentir tout ce qu'il peut, de le réaliser de jour en jour, d'heure en heure, et d'expirer enfin avec la conviction de laisser à son œuvre quelques défauts qui l'empêcheront de compléter l'enthousiasme et de donner à son ouvrage le dernier cachet de l'immortalité : heur et bonheur sur la terre ! Chances qui tiennent à un instant et qu'un souffle de la fortune fait luire ou éteint en fuyant !

N° XVI.

NOMENCLATURE DES NUAGES.

Nous reproduisons cette année-ci la nomenclature des nuages, que nous avons donnée précédemment dans cet almanach, à l'article du traité spécial de météorologie.

Il nous a paru nécessaire de remettre sous les yeux des lecteurs les définitions des différentes formes de nuages, pour l'intelligence des noms employés, dans les observations de 1813 et de 1851, à désigner l'aspect du ciel à ces deux époques.

Nous nommons :

Ciel magnifique, le ciel sans aucun nuage, vapeur ou brouillard.

Ciel assez nuageux, ou *assez beau*, quand les nuages recouvrent environ la moitié de l'espace.

Ciel nuageux, ou *beau*, quand l'espace qu'ils recouvrent équivaut au quart de la calotte apparente du ciel ; et *très-beau*, si les nuages sont rares.

Ciel très-nuageux, quand la surface qu'ils recouvrent équivaut aux trois quarts de la calotte apparente du ciel.

Ciel couvert, quand la couche des nuages accidentés cache entièrement la calotte du ciel.

7

Ciel tamisé, quand la couche de nuages qui recouvrent le ciel est tout unie et comme nivelée ou passée au tamis.

Ciel enfumé, quand au-dessus de la couche tamisée courent des nuages ardoisés qui se déroulent comme une fumée ; ces flocons ne sont autres que des nuages de pluie que l'air comprimé par les nuages supérieurs lance par-dessus nos têtes et à de grandes distances vers la terre.

Ciel sombre et *ardoisé*, quand la couche de nuages qui recouvrent le ciel laisse passer fort peu de lumière.

Ciel givreux, ciel des temps froids, qui tamise assez de lumière et ressemble à un verre dépoli.

Ciel voilé, ciel que recouvre comme une vapeur qui tamise la lumière, et où le blanc vaporeux remplace le bleu du ciel.

Ciel vaporeux, quand le bleu du ciel est recouvert comme d'une gaze, par les vapeurs d'eau.

Ciel brouillardé, quand un brouillard raréfié permet de distinguer l'horizon et même le zénith.

Ciel pluvieux, quand il menace de la pluie.

Ciel gibouleux, quand d'instant en instant il passe au zénith des nuages qui déchargent des giboulées.

Ciel cerné, quand l'horizon est bordé et ceint de nuages ordinaires sans trop d'accidents de surfaces.

Ciel alpestre, quand les nuages qui cernent l'horizon présentent l'aspect d'immenses montagnes de neige, avec leurs immenses glaciers, leurs créneaux, leurs pitons, leurs contre-forts et leurs cimes qui se déforment et s'inclinent d'instant en instant en fondant sous l'action des rayons solaires. C'est du haut d'une colline ou d'un plateau, que l'on est plus à même de bien observer, à l'horizon, le magnifique panorama d'un *Ciel alpestre*. Ainsi, à Bellevue, Clamart, Bicêtre, au Mont-Valérien, à Montmartre et même sur la route d'Orléans, il n'est nullement rare d'observer ce magnifique phénomène ; car l'œil plonge alors sur la surface supérieure de cette chaîne de montagnes de neige; tandis que, dans le fond d'un vallon, on ne voit les nuages que par leur surface inférieure, celle que la fusion de la neige et le filtrage de l'eau unissent et ardoisent.

Ciel moutonné, lorsque les nuages s'avancent sous la voûte du ciel, isolés, mais rapprochés, égaux de forme et d'aspect, arrondis ou ovoïdes, enfin, par une image grossière, analogues à un troupeau de moutons aperçu à vol d'oiseau.

Ciel treillagé, quand le radeau de nuages par suite d'un mode de fusion partielle, aminci et comme découpé, forme un treillage de barres s'enlaçant régulièrement et sous un même angle variable chaque fois.

Ciel guilloché ou ciel des grands froids, offrant des surfaces recroquevillées en arabesques, et comme de ces arborisations qui recouvrent nos vitres.

Ciel digité, lorsque d'un point de l'horizon émergent, en divergeant, des filets longs et empennés de nuages, sous forme d'un éventail ; on dit alors *digité* par le point de la rose des vents sur lequel ces filets nuageux s'implantent : digité par N. ou S. ou N.-O., etc.

Ciel panaché, quand les nuages affectent la forme de longs panaches blancs.

Ciel interférent, à nuages en longues lames parallèles ou concentriques et normales à la direction qu'ils suivent.

Ciel strié, quand les nuages s'étirent en filets parallèles ou divergents.

Ciel aranéeux, quand le ciel est comme tendu d'une apparence de toile d'araignée, par un réseau de longs jets nuageux.

Ciel charriant, quand les nuages, en compartiments plus ou moins angulaires, voyagent comme de conserve et en gardant entre eux les mêmes espacements.

Ciel erratique, quand des nuages éblouissants de blancheur, sur leurs bords spécialement, voguent sous un ciel bleu sans aucune direction arrêtée, s'éloignent, se rapprochent et se confondent souvent, deux à deux ou trois à trois, pour former un nouveau nuage.

Ciel flottant, quand, sous un ciel bleu, un immense nuage, plus ou moins treillagé, vogue comme un de ces radeaux de bois flotté qui se laissent aller au courant du fleuve.

Un nuage de pluie déforme son profil au gré du vent et comme le fait un tourbillon de fumée ; il est sombre ou ardoisé.

Un nuage de neige est éblouissant de blancheur par la réflexion des rayons solaires, quand nous le voyons de face ; ardoisé, quand nous le voyons par-dessous. Il ne se déforme, il n'altère ses contours qu'en fondant aux rayons solaires ; on voit alors ses pitons se rapprocher mollement de ses vallées ou de ses collines, et ses flancs se creuser de vallées.

Un nuage de glace a ses bords anguleux et nettement tranchés ; il garde longtemps son profil ; il est souvent si transparent, qu'on voit les astres et le bleu du ciel, çà et là, à travers son épaisseur.

Le ciel flamboyant est le ciel magnifique, grandiosement coloré avant le lever ou après le coucher du soleil.

Le ciel coloré, *assez coloré*, *très-coloré* est le ciel nuageux dont les nuages, occupant le quart, la moitié, les trois quarts du ciel, sont colorés d'un côté en aurore, en pourpre, jaune d'or ou en différentes nuances de ces trois couleurs, et de l'autre côté en bleu plus ou moins intense.

N. B. — Cette nomenclature peut suffire pour désigner l'aspect général du ciel, sauf, dans les observations journalières, à tenir compte des particularités exceptionnelles.

Nº XVII.

PETITE NOUVEAUTÉ

Sur la MÉTAMORPHOSE DES LENTILLES D'EAU (Lemna)

Nous marchons lentement, mais sûrement:

Les *lemna* se multiplient avec rapidité d'une manière bilatérale, c'est-à-dire qu'une feuille pond à sa base deux feuilles nouvelles, une de chaque côté de sa nervure médiane; la feuille première en date joue donc le rôle d'une tige qui, à sa base, pond deux bourgeons opposés et égaux entre eux.

Qu'une de ces feuilles reste sous l'eau, et dès ce moment, les deux feuilles allongent tellement leurs pédicules respectifs, et reproduisent tellement le même type, que le tout finit par former une plante complète sous l'eau elle-même; les feuilles peuvent acquérir alors un pédicule long de 10 centimètres et plus, jusqu'à ce que l'extrémité de la prétendue racine, qui n'est qu'un bourgeon sous l'eau, ait atteint le sol où il doit germer en *callitriche* ordinaire.

Mais qui empêche ce bourgeon de marcher aussi vite, dans le sens du sol, que la feuille dans sa propagation à la surface de l'eau ?

Voici ce que j'ai découvert cette année-ci : Les racines-bourgeons des *chara* servent de nourriture d'abord aux buccins d'eau douce (*Lymnea*), qui en sont très-friands, tout en respectant la feuille qui est étalée à la surface; dans ce cas, la feuille se développe indéfiniment, tandis que la racine, qui repousse après la précédente, redevient à son tour la pâture des *Lymnées*. Après les lymnées, des larves fort petites, entre autres des larves qu'on dirait immobiles, vivent aux dépens des mêmes racines.

Et c'est là la raison qui fait que les *lemna* s'enracinent plus facilement sur les bords des fleuves, où l'eau est rapide et balaye les insectes rongeurs de ces petites racines, que sur les bords des mares et des eaux tranquilles où les coquilles et ces larves peuvent pâturer en toute tranquillité.

CALENDRIER OU ÉPHÉMÉRIDES

DES

HOMMES ET ÉVÉNEMENTS CÉLÈBRES [*]

(*) Le jour où le nom des hommes célèbres est inscrit est le jour de leur mort, celui qui les classe définitivement dans l'estime des hommes. Les noms sont marqués d'un astérisque, quand nous n'avons pu découvrir le jour de leur mort. Les noms d'hommes ou d'événements suivis de trois points d'admiration renversés, sont ainsi notés d'un signe sinistre.

Je reproduis cette année les éphémérides dont j'avais interrompu la publication, faute d'espace, pendant trois ans ; le lecteur ne trouvera pas mauvais de revoir cet écrit corrigé et augmenté, et qui, sur le modèle de l'*Agenda agricole*, doit également servir à l'instituteur pour la leçon historique de chaque jour.

Mes ennemis qui, sous le masque de républicains, ne sont au fond du cœur que des agents de la Société de Loyola, ont pris plaisir, pendant la période électorale, de tourner contre mes anciennes opinions, par un misérable subterfuge, les trois points renversés que j'ai eu soin d'appliquer à certaines dates qui sont des crimes de leurs chers pères ; et ils m'ont demandé pourquoi je n'imprimais pas les mêmes points à la suite de certains événements du premier Empire ; c'était là une véritable manœuvre électorale par la calomnie et le mensonge. Nous avons ri tout d'abord de pareils moyens de la part de gens qui ont servi tant de partis. Les différentes dates qui ne sont pas marquées de ces trois points flétrissants, appartiennent à l'histoire dont nous ne nous sommes pas constitué les juges dans de si courtes indications ; ce n'est pas un traité d'histoire que nous publions, mais tout simplement un guide pour les études historiques.

Nous avons cru devoir faire précéder ces éphémérides d'un tel avertissement, pour démontrer le cas que tous les bons esprits ont dû faire de pareilles inculpations. Si nos accusateurs connaissaient un peu mieux l'histoire du développement républicain de la génération de cette époque, ils n'auraient pas osé adresser de semblables reproches au doyen des idées sociales de France, et qui, depuis cinquante ans, n'a jamais quitté d'un seul pas la ligne droite qu'il s'était tracée. Que ces jeunes gens, si prompts à la calomnie, y regardent dorénavant à deux fois avant de mettre de telles injures à notre adresse ; ils doivent se souvenir du succès qu'ils ont obtenu de la part du peuple qui lit et réfléchit, en voyant chaque jour les abonnés les laisser à leur honte : on cite, en effet, un de ces journaux qui est descendu tout d'un coup, dans son tirage, de 35,000 à

14,000. C'est ainsi que le peuple fait justice des impertinences et de la mauvaise foi de ces imberbes plumitifs.

JANVIER

1 Capitulation de Dantzig violée par les Russes, 1814.

2 Lavater, 1801. — Guyton-Morveaux, 1816.

3 Victoire des Français sur les Anglais à Pieros (Espagne), 1809.

4 Maréchal de Luxembourg, 1695.

5 Charles le Téméraire, 1477. — Catherine de Médicis, furie papiste sur le trône, 1589.

6 La cour de Mazarin chassée de Paris, 1649.

7 Édit d'Henri IV expulsant du royaume les jésuites, comme corrupteurs de la jeunesse, perturbateurs du repos public, etc., 1595. — Fénelon 1715.

8 Galilée, 1641. — Suppression en France des corporations religieuses, foyers de conspiration, 1812.

9 Assassinat juridique d'Aréna et Topino-Lebrun, 1801. — Fontenelle, 1757.

10 Linné, 1778. — Latteignant (l'abbé), 1779.

11 Sœur Marthe, 1815. — Alliance de Murat avec l'Autriche, 1814 ||| — Spartacus, 68 avant notre ère*.

12 Duc d'Albe, 1582 |||

13 Victoire navale du vaisseau *les Droits de l'homme* sur les Anglais, 1796. — Suger, 1152. — Sibylle Mérian, 1717.

14 Victoire de Bonaparte et Masséna sur les Autrichiens à Rivoli, 1797. — Fra Paolo, 1623. — Mme de Sévigné, 1696.

15 Clément Marot, 1544. — Lenglet-Dufresnoy, 1755.

16 Victoire complète de Soult, à la Corogne, sur les Anglais qu'il poursuivait depuis Madrid l'épée dans les reins et qu'il refoula dans la mer, 1809. — Patru, avocat et libre penseur, 1681.

17 Dagobert, roi des Français, 638.

18 Vallisniéri (Ant.), 1730. — Géricault, 1824.

19 Vaucanson, 1782. — Périclès, 449 avant notre ère*.

20 Anne d'Autriche, épouse de Mazarin, 1666 ||| — Le père
   Lachaise, directeur jésuite de Louis XIV, 1709 ||| — Gar-
   rick, 1779. — Le Pelletier de Saint-Fargeau assassiné par
   un garde du corps, 1793. — Pythagore, 500 avant notre
   ère*.
   Exécution de Louis XVI, 1793. — Bernardin de Saint-Pierre,
   1814. — Piron, 1773.
22 Épicure, 260 avant notre ère*.
23 Championnet occupe Naples, 1799.
24 Laubardemont, le *nec plus ultrà* des accusateurs publics,
   1651*. — Pitt, ministre anglais, qui ne sut défendre sa
   cause qu'à l'aide de l'or, 1806. — De Silhouette, 1767.
25 Concordat entre Napoléon et Pie VII, 1813.
26 Chappe, inventeur du télégraphe, 1806. — Jenner, 1823.
27 Jean Gerson, défenseur des libertés gallicanes, 1429*.
28 Charlemagne, 814. — Le czar Pierre le Grand, 1725.
29 Victoire de Napoléon à Brienne sur les Prussiens, Blücher
   s'échappant à travers un jardin, 1814.
30 Charles Ier d'Angleterre comparaît devant une cour de justice, 1649. — Ducis, 1816.
31 Réunion du comté de Nice à la France, 1793. — Racine
   le fils mort, dit Bachaumont, abruti par le vin et la dévotion, 1763.

FÉVRIER

1 Rabelais, 1553.
2 Duquesne, le vainqueur de Ruyter, 1688.
3 Wurmser, forcé de capituler devant le général Bonaparte,
   évacue Mantoue, 1797.
4 La Convention abolit l'esclavage, 1794.
5 Aristote, 422 avant notre ère*. — Terrible tremblement de
   terre en Sicile et en Calabre, 1783.
6 Amyot, 1593. — Priestley, persécuté en Angleterre et acclamé membre de la Convention nationale de la République française, meurt en Amérique en 1804.

7 La Peyrouse, 1788. — Arrêt du Parlement, par les sourdes
menées des jésuites, qui supprime les deux premiers vo-
lumes de l'*Encyclopédie*, 1752 ||| — Pélisson, 1693.

8 Victoire de Napoléon sur les Russes à Eylau, 1807. — Le-
kain, 1778. — Spallanzani (Lazare), 1799.

9 Victoire de Napoléon sur les Russes à la Ferté-sous-Jouarre,
1814. — Exécution de Charles Ier, roi d'Angleterre, 1649.
— Agnès Sorel, 1450. — Chancelier d'Aguesseau, 1751.
— La Condamine, 1774, mort en libre penseur.

10 Victoire de Napoléon sur les Russes à Champaubert, 1814.
— Montesquieu, 1755.

11 Victoire de Napoléon sur les Russes à Montmirail, 1814. —
Descartes, 1650.

12 Le Brun, peintre, 1690. — Victoire de Napoléon sur les alliés à Château-Thierry, 1814.

13 Assassinat politique du duc de Berry, 1620. — Assassinat
juridique de Plaignier et Carboneau, 1815.

14 Victoire de Napoléon sur les Prussiens à Vauxchamps, 1814.
— Capitaine Cook, 1779.

15 République à Rome, 1798. — La Fontaine, 1695.

16 Victoire de Bonaparte sur les Autrichiens au Tagliamento,
1797. — Fléchier, 1710.

17 Victoire de Ney sur les Austro-Russes à Nangis, 1814. —
Molière, 1675. — Michel-Ange Buonarotti, 1564.

18 Victoire de Napoléon sur les Autrichiens à Montereau, 1814.
— Luther, 1546. — Marie Stuart, 1564. — Balzac (J.-Louis-
Guy de), 1654. — Tamerlan, 1405.

19 Victoire des Français sur les Espagnols à Gébora (Espagne),
1811. — Escousse et Lebras, 1832.

20 Tobie Mayer, astronome, 1762. — L'abbé de l'Épée, 1792. —
Joseph II, 1790.

21 Héroïque défense de Saragosse par ses habitants, 1809. —
Attila, 454*.

22 Le général Boyer culbute les Prussiens et empêche leur
jonction avec les Autrichiens, sous les murs de Troyes,
1814. — Ruysch, anatomiste, 1731.

23 Bonaparte est nommé général en chef de l'armée d'Italie, 1796.

24 Glorieux combat naval des Français contre les Anglais dans la rade des Sables, 1809. — Stoflet, chef vendéen, 1796. — Gutenberg, inventeur de l'imprimerie, 1468* !!!

25 Catinat, 1712.

26 Départ de l'île d'Elbe, 1815.

27 Pestalozzi, 1827.

28 Exécution de l'odieuse reine Brunehaut, 613¡¡¡

MARS

1 Napoléon débarque au golfe Juan, 1815. — Olivier de Serres 1619.

2 Prise d'assaut de Fribourg par les Français, 1798. — Pothier le jurisconsulte, 1772.

3 Glorieuse capitulation de Corfou, défendu pendant quatre mois par 800 Français contre 20,000 Russes, Turcs et Albanais, 1799. — P. Fr. Van Meenen, président de la Cour de cassation en Belgique, mort libre penseur, 1855.

4 Manuel est expulsé violemment de la chambre des députés, pour avoir dit à la tribune que les Bourbons avaient été reçus en France avec répugnance, 1823 ; ce que, sept ans après, la France entière confirma par leur expulsion définitive. — Sultan Saladin, 1293. — Champollion, 1832.

5 Prise du trois-ponts anglais *le Berwick* par la frégate française *l'Alceste*, 1796. — Défaite des Anglo-Espagnols à Chiclana (Espagne), 1811.

6 Laplace, astronome, 1827. — Dufour, général en chef de la Confédération suisse, 1866, vainqueur du Sunderbund

7 Victoire de Napoléon sur les alliés à Craonne, 1814.

8 Lucain, 65*.

9 Défaite des Anglais par les Français à Berg-op-Zoom, 1814. — Victoire de Napoléon sur les Alliés à Laon, 1814. — Assassinat juridique de l'infortuné Calas, 1762¡¡¡ — Mazarin, qui fut roi de France, 1661¡¡¡

10 De Launoy, grand dénicheur de prétendus saints, 1678.

11 Mariage de Napoléon avec une archiduchesse autrichienne, 1810 ||| — Assassinat juridique de Jacques Molay, 1314.

12 Aristogiton, 413 avant notre ère*. — Marivaux, père du *marivaudage*, 1763.

13 Boileau Despréaux, 1711. — Michel de l'Hospital, 1573.

14 Bataille d'Ivry, 1590. — Exécution de l'amiral anglais Byng, pour s'être laissé battre devant Mahon par le lieutenant-général La Galissonnière, 1757. — Saint-Priest, émigré français au service de la Russie, est tué dans la défaite des Russes à Reims, 1814 ||| — Thémistocle, 470 avant notre ère*.

15 Conspiration d'Amboise, 1559.

16 Ésope, 560 avant notre ère*.

17 Marc-Aurèle, philosophe sur le trône des Césars, 180.

18 Abdication de Charles IV, roi d'Espagne, 1808 ||| — Turgot, - 1781.

19 Louis XVIII s'enfuit incognito de Paris, 1815.

20 Rentrée triomphale de Napoléon dans Paris, 1815. — Victoire d'Héliopolis (10,000 Français contre 80,000 Turcs), 1800. — Newton, 1727.

21 Assassinat juridique du duc d'Enghien par les machinations de Talleyrand, 1804.

22 Première apparition du choléra à Paris, 1832.

23 Entrée des Français à Madrid, 1808.

24 Vayringe, mécanicien, 1746. — Marie-Amélie, 1866.

25 Platon, 318 avant notre ère*.

26 Ossian, 200*.

27 Marguerite de Valois, 1615. — Loi du milliard en faveur des émigrés, 1815 ||| — Callot, 1635.

28 Beethoven, 1827.

29 Gustave, roi de Suède, 1792.

30 Bataille de Paris, bravoure des citoyens, trahison et lâcheté des parvenus, 1814 ||| — Vêpres siciliennes, 1282.

31 Capitulation de Paris, organisée depuis longtemps par les pères de la foi ésuites), à l'aide des membres de la So-

ciété occulte de Saint-Vincent de Paul, qui prenaient alors le nom de *verdets*, 1814 ||| — François Ier, 1547.— Insurrection des chiffonniers à Paris, 1832.

AVRIL

1 Prisonniers politiques assassinés à Sainte-Pélagie par une escouade de sergents de ville, 1832.

2 Mirabeau, 1791.

3 Élisabeth, reine d'Angleterre, 1603.

4 Masséna, surnommé l'*enfant chéri de la victoire*, 1817. — Lalande, astronome, 1807.

5 Danton et Camille Desmoulins, 1794.— Dumouriez passant à l'ennemi en emportant la caisse de l'armée, de concert avec le jeune duc de Chartres, plus tard Louis-Philippe, 1793 |||

6 Laure (la belle), 1348. — Épictète, iie siècle*. — Pichegru, 1804. — Création du comité de salut public, 1793.

7 Prise de Mons par les Français, 1691.— Raphaël d'Urbin, 1520.

8 Seconde coalition de toute l'Europe contre la France, 1799.

9 Première victoire de Bonaparte sur les Autrichiens à Monte-notte, 1796. — Capitulation, à la Pallu, du duc d'Angoulême qui jure de ne jamais rentrer en France et de faire rendre les diamants de la couronne emportés par Louis XVIII, 1815. — Théodore d'Aubigné, 1630.

10 Victoire des Français : 22,000 contre 80,000 Anglais et Espagnols commandés par Wellington, 1815. — Insurrection de Lyon, 1834. — Bacon de Vérulam, 1626. — Gabrielle d'Estrées, empoisonnée, 1599.

11 Première abdication de Napoléon, 1814. — Victoire de Cassel, 1677.

12 Bossuet, 1704.

13 Édit de Nantes en faveur de la religion réformée, 1598. — Henri de Rohan, 1638.

14 Victoire de Bonaparte sur les Autrichiens à Millésimo, 1796. — Attaques infructueuses de Nelson, avec toute la flotte anglaise, contre la flottille de Boulogne, 1804. — Massacre

de femmes, vieillards et enfants à la rue Transnonain, exploit militaire de Thiers et Bugeaud, 1834. — Lâche assassinat, par les partisans de l'esclavage, de l'immortel Abraham Lincoln, président des États-Unis, ainsi que de son ministre Sewart, 1865 ||| — Mme de Pompadour, 1764.

15 Le Tasse, 1592. — Lucile, infortunée épouse de Camille Desmoulins, 1794. — Mme de Maintenon, veuve de Scarron et de Louis XIV, 1719.

16 Buffon, 1788. — Victoire de Bonaparte à Mont-Thabor, 1799.

17 Reconnaissance de la république d'Haïti par la France, 1825. — Franklin, 1790.

18 Holocauste humain : Urbain Grandier, curé de Loudun, 1634. — Victoire des Français sur les Autrichiens à Neuwied, 1797.

19 Christine, reine de Suède, 1689 ||| — Mélanchthon, 1560.

20 Kant l'incompréhensible, 1804. — Sacrilége loi contre le sacrilége, 1825 |||

21 Victoire des Français sur les Autrichiens, et prise pour la quatrième fois de Landshut, 1809. — Abailard, 1142.

22 Victoire de Bonaparte à Mondovi, 1796. — Racine, 1699.

23 Shakespeare, 1616. — Michel Cervantès, 1616.

24 Caton d'Utique, 48 avant notre ère*. — Fédération des Bretons pour la défense du territoire, 1814. — Maréchal d'Ancre (Concini), 1617.

25 David Teniers, 1690.

26 Diane de Poitiers, 1556.

27 Jean Bart, la terreur des marins anglais, 1702.

28 Assassinat des plénipotentiaires français par les Autrichiens, 1799.

29 Victoire des Français sur les Espagnols à Caldiera, 1809. — Ruyter, 1676. — Victoire de Duquesne sur Ruyter en face de Messine, 1676.

30 Holocauste humain : le curé Gaufridi brûlé comme sorcier, 1611. — Barthélemy (l'abbé), auteur du *Voyage d'Anacharsis*, 1795.

MAI

1 Victoire de Bonaparte sur l'Europe coalisée à Lutzen; mort de Bessières, 1813. — Le diacre Pâris, 1727.

2 Inauguration des grands chemins de fer en France, 1843.

3 Benoît XIV, pape philosophe, 1758. — Confucius, 550 avant notre ère*.

4 Assassinat juridique du capitaine Vallée, 1822. — Assassinat juridique de Didier à Grenoble, 1816. — Aldrovandus, 1605.

5 Napoléon meurt à Sainte-Hélène, lentement empoisonné par la rancune anglaise, 1821 ¦¦¦ — Ouverture des états généraux, 1789.

6 Sac de Rome par Charles-Quint, 1527. — Prise de Maëstricht sur les Anglais et les Hollandais par les Français, 1748.— Prince de Lamballe, 1768.

7 Louvel, 1820. — De Thou, 1617.

8 Arrêt du Parlement qui condamne la société de Jésus à restituer aux sieurs Léoncy frères et Gouffre, négociants à Marseille, la somme de 1 million 502,276 livres 2 sous et 1 denier, que le jésuite provincial Lavalette leur avait escroquée, et en outre à 50,000 livres de dommages et intérêts, 1761. — Christophe Colomb, 1506. — Jansénius, 1638.—Lavoisier, 1794.— Dumont d'Urville dans l'affreuse catastrophe du chemin de fer de Versailles, 1842.

9 Assassinat juridique de Lally-Tollendal, 1765 ¦¦¦

10 Victoire de Bonaparte au pont de Lodi, 1796. — Assassinat juridique du maréchal de Marillac, 1632. — Labruyère, 1696. — Louis XV, 1774.

11 Henri Estienne, mort à l'hôpital, 1598 ¦¦¦ — Entrée des Français dans Milan, 1796. — Jacques Delille, 1813.

12 Journée des barricades, 1588.

13 Vienne occupée pour la seconde fois par les Français, 1809. — Barneveldt, 1619.

14 Henri IV assassiné par les jésuites qu'il avait eu le tort de rappeler, en cédant aux obsessions de son indigne épouse, Marie de Médicis, leur complice, 1610. — Restaut le grammairien, 1764. — Casimir Périer, 1832.

15 Première déception de la deuxième république française, les jésuites s'essayant à la perte de l'institution à laquelle ils avaient tous prêté des chaleureux serments et préludant à la Saint-Barthélemy de juin, 1848.

16 Les Alpes franchies par les Français dans le dénûment le plus complet, 1800.

17 Héloïse, épouse d'Abailard, 1164. — A.-C. Clairaut, géomètre, 1765. — États romains annexés d'un trait de plume à la France, 1803. — Maréchal Fabert, 1662. — Montausier, 1690.

18 Empire français, 1804.

19 Expédition de Bonaparte en Égypte, 1798. — Alcuin, 804.

20 Lafayette, 1834. — Prise de Dantzig par les Français, 1813.

21 Victoire de Napoléon sur l'Europe coalisée à Bautzen, 1813. — Duroc, 1813. — Campanella, 1639.

22 Victoire de Napoléon sur les Autrichiens à Essling; mort de Lannes, 1809. — Constantin, flétri par l'histoire et canonisé par l'Église, 337.

23 Holocauste humain : Savonarole brûlé vif, 1498 ¡¡¡

24 Les Anglais s'emparant par trahison et avec leur or de la pucelle d'Orléans qu'ils n'avaient jamais pu vaincre par les armes, 1430 ¡¡¡ — Perfidie du commodore Sydney-Smith envers Desaix à l'occasion du traité d'*El-Arich*, 1800. — Copernic, 1543.

25 Cardinal d'Amboise, 1510. — Babeuf, 1797 ¡¡¡

26 Charles Estienne, mort dans la prison pour dettes, ruiné par la Sorbonne, 1564. — Guillotin, inventeur de la guillotine, 1814 ¡¡¡

27 Exécution de Ravaillac, séide des jésuites, 1610.

28 Bernard de Menton, 1008. — Grégoire, évêque constitutionnel, 1831.

29 Impératrice Joséphine, empoisonnée par la réaction occulte.

1814. — Christophe Ier, roi de Danemark, empoisonné par son évêque, 1259.

30 Rubens, 1640. — Voltaire, victime de sa confiance en son indigne nièce et son plus indigne obligé, le marquis de Villette (voir la *Revue complémentaire des Sciences*, t. III, p. 127 et l'*Almanach* de 1867), 1778. — Pope, 1744.

31 Holocauste humain : Jeanne d'Arc immolée par la perfidie du haut clergé à la rancune des Anglais, 1431.

JUIN

1 Holocauste humain : Jérôme de Prague, brûlé vif par le clergé catholique, 1416. — Sublime dévouement du vaisseau *le Vengeur*, 1794.

2 Lallemand, assassiné par un soldat royal, 1820.

3 Première victoire de Turenne à Rottweil, 1644. — Socrate, 399 avant notre ère *.

4 Le général Lamarque ; formidable insurrection de Paris, 1832. — Victoire de Kléber à Altenkirchen, 1796. — Belsunce, 1755.

5 Première ascension des montgolfières à Annonay (Ardèche), 1783. — Weber, compositeur, 1826.

6 Victoire navale de l'amiral français d'Estaing sur l'amiral anglais Byron, 1779. — Siége du cloître Saint-Merry, 1832. — Mlle de La Vallière, 1710.

7 Fête de l'Être suprême, 1794.

8 Mahomet, 632. — Kouli-Khan, 1747. — Émeutes et assassinats juridiques à Lyon, 1817. — Winckelman, 1768.

9 Victoire navale des Français, sous les ordres de La Galissonnière, sur les Anglais, sous les ordres de l'amiral Byng, devant Mahon, 1756. — Victoire de Lannes sur les Autrichiens à Montebello, 1800.

10 Prise de Malte par Bonaparte et abolition de l'ordre, 1798.

11 Excommunication ridicule de Napoléon par Pie VII, son prisonnier, 1809. — Dumarsais, 1756. — L'*Émile* de

J.-J. Rousseau brûlé par la main du bourreau, à Paris, 1762 ‖‖

12 Victoire décisive de Napoléon à Friedland, 1807.

13 Kléber, assassiné, 1799. — Panard, le père du vaudeville, 1765.

14 Victoire de Bonaparte, premier consul, sur les Autrichiens à Marengo; mort de Desaix sur le champ de bataille, 1799.

15 Las Casas, 1566*.

16 Victoire décisive de Napoléon et déroute complète des Prussiens à Fleurus; 59,000 Français contre 80,000 Prussiens, 1815.

17 Victoire de la Trebbia, 1799.

18 Waterloo, 1815 ‖‖ Wellington sauvé d'une ruine complète à la faveur de la trahison organisée par l'association occulte des pères de la foi (jésuites) dans l'état-major français (l'or des Anglais n'est pas une chimère). — Victoire de Jeanne d'Arc sur les meilleurs capitaines anglais à Patay, 1429. — Assassinat juridique du savant Romme, 1795. — Lord Raglan, général en chef de l'armée anglaise, meurt dans son lit au siége de Sébastopol, obstacle plutôt qu'auxiliaire de l'armée française, 1855. — Crébillon, le tragique, 1762.

19 Victoire de Moreau sur les Autrichiens à Hochstedt, 1800.

20 Serment du jeu de paume, 1789 ‖‖ — Vicq d'Azyr, anatomiste physiologiste, 1794.

21 Arrestation de Louis XVI et sa famille à Varennes, 1791. — Quiberon; les émigrés abandonnés par le comte d'Artois, plus tard Charles X et les Anglais, 1795. — Jean Liébault, un des deux auteurs de la *Maison rustique*, mort dans la misère, et, d'après le journal de l'Estoile, sur le coin d'une borne de la rue Gervais-Laurent, à Paris, 1596.

22 Charles le Téméraire, vaincu à Morat par une poignée de Suisses, 1476. — Machiavel, 1527.

23 Jours néfastes de la deuxième république française; nouvelle Saint-Barthélemy, 1848 ‖‖ — Président d'Oppède, féroce massacreur des Vaudois désarmés, 1558.

24 Passage du Niémen par la grande armée, 1812.

25 Armand Carrel, 1836. — Défaite des Anglais et Espagnols à
Tolosa, 1813. — Georges Cadoudal, 1804.

26 Massacres atroces des libéraux par les royalistes de Marseille, 1815 ¡¡¡ — Victoire de l'armée républicaine sur les
Prussiens à Fleurus, 1794. — Julien, empereur, 363*.

27 Tourville détruit la flotte anglaise et hollandaise près du cap
Saint-Vincent, 1693. — La Tour d'Auvergne, surnommé le
premier grenadier français, 1800. — Linguet, orateur et
écrivain, victime du despotisme, 1794. — Rouget de l'Isle,
auteur de la *Marseillaise*, 1836. — Prise de Wilna, 1812.
— Réunion totale des trois ordres à l'Assemblée nationale, 1789.

28 Les Français s'emparent de Tarragone (Espagne), 1811.

29 Napoléon quitte Paris pour la dernière fois, 1815.

30 Henriette d'Angleterre, empoisonnée par les mignons de son
époux, le duc d'Anjou, 1670.

JUILLET

1 Première victoire des Français à Fleurus sur les Anglais et
Allemands, 1698. — Abdication de Louis, roi de Hollande,
1810.

2 J.-J. Rousseau, assassiné d'un coup de marteau ou autre
instrument contondant. Son masque, moulé par Houdon,
que je possède, en offre la preuve évidente : un coup de
pistolet ne produit rien d'analogue à la perforation dont on
voit les traces au milieu du front. D'après le rapport de
Houdon, la profondeur de cette perforation ne s'étendait
pas trop loin; il lui fallut seulement une assez forte masse
de coton pour la combler et l'effacer en partie pour le
moulage, 1778. — Victoire des Français sur les Anglais et
Hollandais à Lawfeldt (50,000 Français contre 80,000 alliés),
1747. — Naufrage de la *Méduse*, 1816. — Olivier de
Serres, 1619.

3 Victoire des Français sur les Autrichiens à Wagram, 1807.
— Marie de Médicis, répudiée par son fils comme ayant été
la complice de la mort d'Henri IV, 1613. — Victoire de
Sadowa, 1866.

4 Jefferson, président des États-Unis, 1806. — Barberousse,
roi d'Alger, 1546. — Prise d'Alexandrie par Bonaparte,
1798.

5 Prise d'Alger par les Français, 1830. — Brantôme, 1614.

6 Victoire navale des Français en face d'Algésiras : Six vaisseaux anglais et une frégate mis en déroute par trois vaisseaux français, sous les ordres de l'amiral Linois. Le même
jour, le vaisseau français *le Formidable*, aux prises avec
trois vaisseaux anglais, en met un en fuite et en ramène
deux triomphalement à Cadix, 1801.

7 Traité de Tilsitt, 1811. — Entrée des alliés à Paris, à la
faveur de la trahison organisée par les pères de la foi (jésuites) parmi les royalistes, 1815. — Thomas Morus, 1535.

8 Bataille de Pultava, 1709.

9 Brutus et Cassius, 42 avant notré ère.

10 René, roi de Provence, 1480.

11 Anacréon, 467 ans avant notre ère. — Translation des
cendres de Voltaire au Panthéon, 1791.

12 Érasme, frondeur et libre penseur, 1576. — La Chalotais,
intrépide accusateur des jésuites, 1785.

13 Marat, assassiné par Charlotte Corday, séide des jésuites,
1793. — Duguesclin, 1380. — Duc d'Orléans, 1842.

14 Prise de la Bastille, ère de l'affranchissement des Français,
1789 ﹗

15 Sacrifice humain : Jean Huss immolé sur un bûcher par le
clergé, 1415. — Van Loo, peintre, 1765.

16 Charlotte Corday, assassin de Marat, 1793. — Hégire, ère
des Mahométans, 622.

17 Artevelde (Jacques d'), 1345.

18 Godefroy de Bouillon, 1100. — Pétrarque, 1374. — Watteau,
1721.

19 Trahison de Baylen ||| Violation de la capitulation par les
Anglais, inhumanité britannique envers les prisonniers,
1808.

20 Abolition de l'ordre des jésuites par le pape Clément XIV,
1773. — Bichat, 1802.

21 Victoire remportée par Louis IX à Taillebourg sur Henri III,
roi d'Angleterre, et le comte de la Marche, 1242. — Victoire de Bonaparte aux Pyramides, 1798.

22 Duc de Reichstadt, ex-roi de Rome, immolé à la politique
de la Sainte-Alliance, 1832.

23 Ménage, 1602.

24 Horrible assassinat du maréchal Brune par les royalistes,
sur les ordres de la société occulte des jésuites, à Avi-
gnon, 1815. — Échec de Nelson et de la flotte anglaise
devant Ténériffe, 1797. — Décret de la Convention qui
adopte le télégraphe de Chappe, 1793.

25 Insolentes ordonnances de Charles X, sous les ordres des
jésuites, 1830. — Victoire des Français à Denain, sous les
ordres de Villars, qui vengea ainsi sa retraite de Malplaquet, 1712.

26 Réponse du peuple soulevé à la provocation antinationale
du dernier roi de France et de Navarre, 1830.

27 Turenne, 1675. — Monge, 1818. — Journée dite *du 9 ther-
midor*, 1794. — *L'Émile* de J.-J. Rousseau, brûlé par la
main du bourreau à Genève, alors digne émule de Rome,
1762 (voir 11 juin) ||| — Bouchardon, 1762.

28 Robespierre, Couthon, Saint-Just, etc., 1794. — Victoire des
Français (40,000) sur les Anglais (80,000), commandés par
Wellington, à Talaveira (Espagne), 1809. — Assassinat juridique des deux frères les généraux Faucher à Bordeaux,
1815. — Machine infernale de l'infâme Fieschi, espion de la
Cour; elle ne fut braquée que contre le peuple et la liberté
de la presse, 1835.

29 Victoire complète du peuple de Paris sur la royauté, après
trois jours de combat; chute de la royauté du droit divin,

1830. — Victoire, à Tolosa (Espagne), des Français, au nombre de 40,000 sur 80,000 Anglais et Espagnols, commandés par Wellington, 1809. — Victoire des Français sur Guillaume III, roi d'Angleterre, à Nerwinde, 1693.

30 Marie-Thérèse, épouse officielle de Louis XIV, 1683. — Diderot, 1741. — Guill. Penn, 1718.

31 Victoire navale des Français (amiral d'Orvilliers) sur les Anglais (amiral Keppel), en face des îles d'Ouessant, 1779. — Escamotage de la révolution de Juillet, par les roueries de la société de Jésus, en faveur de Louis-Philippe, fils de Philippe surnommé l'Égalité, 1830. — Glorieuse capitulation de Valenciennes, 1793. — Ignace de Loyola, espèce de visionnaire, fondateur de la congrégation impitoyable des jésuites, 1556.

AOUT

1 Glorieuse défaite d'Aboukir, par l'inactivité de vingt capitaines de vaisseaux français, sur laquelle comptait l'amirauté anglaise. Héroïque mort de Dupetit-Thouars et de l'amiral Brueys. A cette époque, Quiberon prenait du service dans la marine, 1798. — Assassinat de Henri III par le pieux Jacques Clément, 1589. — L'abbé Chappe, 1769.

2 Condillac, 1789. — Montgolfier, 1799.

3 Holocauste humain : le savant typographe Dolet brûlé vif à l'Estrapade par la Sorbonne, 1546.

4 Abolition des titres de noblesse et des priviléges par l'Assemblée nationale, 1789. — 5,000 Autrichiens mettent bas les armes devant 1,200 hommes commandés par Bonaparte, 1796. — Nelson, à la tête de la flotte anglaise, bat en retraite devant la flottille française du camp de Boulogne, 1804. — Exécution odieuse de Jacques d'Armagnac par le féroce et pieux Louis XI, 1477.

5 Victoire de Bonaparte sur les Autrichiens à Castiglione, 1796. — Antoine Arnaud meurt à Bruxelles, exilé par les jésuites dont sa plume était la terreur, 1694.

6 Arrêt du Parlement qui supprime en France l'ordre des jésuites, comme enseignant une *doctrine perverse, destruc-
tive de tout principe de religion et même de probité,
injurieuse à la morale chrétienne, pernicieuse à la société
civile, séditieuse,... propre à exciter les plus grands
troubles dans les États, et à former et à entretenir la
plus profonde corruption dans le cœur des hommes...*
Donné en Parlement, toutes les chambres assemblées, le
6 août 1762. — Rétablissement de l'ordre des jésuites par
le pape Pie VII, d'abord républicain, puis servile envers
Napoléon, et ensuite inexorable envers ceux qui avaient
servi cet empereur, sur son exemple, 1814. — Cicéron,
immolé à la vengeance d'Antoine par la lâcheté d'Auguste,
45 ans avant notre ère.

7 Déception de juillet 1830, œuvre des jésuites. Louis-Philippe
d'Orléans, fils de l'Égalité, est proclamé, par une coterie
organisée de longue main, Roi des Français.

8 Adanson, 1806. — Maréchal de Richelieu, 1788.

9 Jeanne Hachette, héroïne de Beauvais, 1473.

10 Les Tuileries prises d'assaut par le peuple, 1792.

11 Victoire de Condé à Senef, 1674. — Trajan, 117.

12 Louis XVI et sa famille transférés au Temple, 1792. — Assassinat juridique du brave Dupuy-Montbrun à Grenoble,
1815.

13 Bataille de Hochstedt, 1704, perdue par les débiles favoris
du vieux Louis XIV. La victoire de Moreau sur le même
terrain, le 19 juin 1800, a lavé suffisamment notre histoire
de cet échec.

14 Passage du Borysthène par la grande armée, 1812.

15 Victoire des Français, sous les ordres du duc de Vendôme,
sur les Impériaux, sous les ordres du prince Eugène, à
Luzzara, dans le Milanais, 1702.

16 Premier emploi du télégraphe aérien, annonçant la prise du
Quesnoy, 1794. — Embarquement pour l'exil de Charles X
à Cherbourg, 1830. Quand le jésuitisme a usé une de ses

créatures, il la sacrifie pour faire place à une autre qu'il tâchera d'user de même.

17 Assassinat politique du général Ramel, 1815 ¡¡¡ — Frédéric le Grand, 1782.

18 La Boëtie, 1563. — Delambre, astronome, 1822. — Victoire de Catinat sur le prince Eugène à Staffarde, 1690.

19 Pascal, 1662. — Assassinat politique du colonel La Bédoyère, 1815.

20 Guy d'Arezzo, moins réformateur qu'écrivain sur la musique, xie siècle *.

21 Bernadotte élu prince royal, 1810. — Condamnation, par le Parlement de Toulouse, de l'abbé et du chevalier de Ganges, comme assassins de leur vertueuse belle-sœur, 1667.

22 Hippocrate, 351 avant notre ère *. — Gall (François-Joseph), 1818.

23 Aerschell, astronome, 1822. — Agricola, beau-père de Tacite 93 *.

24 Massacre papiste de la Saint-Barthélemy par les jésuites, 1572. — Jean Goujon assassiné sur son échafaudage, 1572.

25 Louis IX, 1270. — Watt, applicateur de la science de la vapeur, découverte par Papin.

26 Victoire de Napoléon sur l'Europe coalisée à Dresde ; mort de Moreau dans les rangs des ennemis de la France, 1813.

27 Toulon livré aux Anglais par des Français indignes de ce nom, 1793. — Héroïque capitulation d'Huningue, défendu pendant douze jours par 135 soldats français contre 36,000 Autrichiens, 1815.

28 Présentation des lois odieuses votées en septembre suivant, lois préparées par la machine infernale de Fieschi, et braquées spécialement contre le journal *le Réformateur*, afin de le faire passer entre les mains de quelques imbéciles séides de la société de Jésus, 1835.

29 Louis XI, féroce et poltron, 1482 ¡¡¡

30 Soufflot, 1780.

31 Roger Bacon, 1294 *; il devança Galilée et fut traité comme lui.

SEPTEMBRE

1 Louis XIV, 1715.

2 Massacres des prisons de Paris, organisés par les jésuites, dans le double but de punir les nobles libres penseurs et de jeter de l'odieux sur la Révolution française, 1792. — Rétablissement, par la faiblesse d'Henri IV, des jésuites qui devaient le faire assassiner, 1603.

3 Deuxième journée des saturnales dans le sang, 1792.

4 Rouerie jésuitique; déportation des républicains innocents à la place des royalistes coupables, 1797. — Bombardement d'Alger par Duquesne, 1682. — Victoire de Bonaparte sur les Autrichiens à Roveredo, 1796. — Les Anglais, descendus à Saint-Cast (Bretagne), sont écrasés avec une perte de 4,000 hommes et 500 prisonniers, 1758.

5 Lenostre, jardinier, 1700.

6 Assassinat juridique des quatre sergents de la Rochelle, 1822. Les provocateurs ont jeté leurs masques dans la sacristie en 1848 ||| — Les jésuites, sous le masque de protestants, tentent d'assassiner J.-J. Rousseau en l'assiégeant dans sa maison à Moitié-Travers, près de Neufchâtel, 1765.

7 Victoire de Napoléon sur les Russes à la Moskowa, 1812. — Pallas (Pierre-Simon), naturaliste, 1811. — Robert Estienne, mort dans l'exil, 1559.

8 Victoire des Français sur les Autrichiens à Hondschoote, 1793.

9 Guillaume, duc de Normandie, fait la conquête de l'Angleterre à la tête d'une armée improvisée de Français, 1087. — Rétablissement irrationnel du Calendrier grégorien, pour flatter le clergé romain, 1805. — Guillaume le Conquérant, 1087.

10 Assassinat royal du duc de Bourgogne, 1419.

11 Bernard de Palissy, 1589. — Bataille de Malplaquet, où la belle retraite des Français, sous les ordres de Villars, équivalut à une victoire. Les alliés, Anglais, Allemands et Hollandais, sous les ordres de Marlborough et du prince Eugène, y perdirent deux fois plus de monde que les Français, et ne recueillirent d'autre honneur que de passer la nuit sur le champ de bataille, 1709.

12 Assassinat juridique du vertueux de Thou, 1642. — Rameau, grand musicien, mort libre penseur, 1764.

13 Cromwell, 1658. — Titus, empereur, surnommé les délices du genre humain, 81*. — Victoire des Français sur les Anglais à Villafranca, 1813. — Décret du pape Clément XI contre les scandales et barbaries des jésuites en Chine, 1725.

14 Occupation de Moscou par les Français, 1812. — Le Comtat-Venaissin réuni à la France, 1794. — Le Dante, 1321. — Rollin, 1741. — Cassini, 1712.

15 Hoche, 1797. — Montaigne, 1592.

16 Louis XVIII, 1824.

17 Bréguet, horloger, 1823.

18 Van Eyck (Hubert), l'un des inventeurs de la peinture à l'huile, 1426. — Victoire de Brune sur les Anglais et les Russes à Bergen, 1799.

19 Bataille de Poitiers, gagnée par l'inertie anglaise, parfaitement bien retranchée, sur l'impétuosité indisciplinée des grands seigneurs d'alors, 1346.

20 Victoire, en quelques heures, à Valmy, des républicains français, simples volontaires de la veille, sur les vétérans prussiens et les émigrés transfuges français, 1792. — Translation du corps de J.-J. Rousseau au Panthéon, 1794.

21 Royauté abolie en France, 1792. — Marceau, 1796. — Victoire d'Henri IV à Arques, près Dieppe, 1589.

22 Valdo, qui passa sa vie à signaler les turpitudes du clergé romain et à épurer les mœurs de ses semblables, 1179. — Clément XIV, empoisonné lentement par les jésuites qu'il avait supprimés, 1774. — Ère de la République française, 1792.

23 Virgile, 19. — Convocation des états généraux, 1788. — Boërhave, 1738.

24 Victoire navale de Suffren sur les Anglais dans l'Inde, 1782. — Paracelse, 1541. — Grétry, 1813.

25 Victoire décisive des Français contre les Russes à Zurich
1799.

26 Traité, en 1815, de la sainte et aristocratique alliance de
toute l'Europe contre la France, qui a continué à la chan-
sonner et à la faire trembler pendant ces cinquante dernières années.

27 Duguay-Trouin, la terreur des Anglais, 1736. — Victoire de
Masséna sur les Anglais à Busaco (Espagne), 1810. — Institution de l'ordre des jésuites, si fatal à l'humanité, par la
bulle de Paul III, 1540.

28 Massillon, 1742. — Prise de Nice par les Français, 1792.

29 Souwarow disparaissant après sa défaite de Zurich et fuyant
jusqu'en Russie, 1799.

30 Saint Jérôme, seul arbitre de l'authenticité des livres dits
canoniques, 420. — Clôture de l'Assemblée constituante,
1791. — Prise par les Français de Spire et Worms, 1792. —
Guillaume Tell, 1354+.

OCTOBRE

1 Corneille (le grand), 1684. — Assassinat juridique, en viola-
tion des formes de la procédure, du colonel Caron, entraîné
dans un piége par quelques agents provocateurs de la police
Decazes, sous la conduite du maréchal des logis Thiers,
1822.

2 Prise de Bougie par le général Trézel, 1833. — Victoire des
Français, sous la conduite de Jourdan, à Aldenhoven, sur
les Autrichiens, 1794.

3 Victoire des Français sur les Autrichiens à Hohenlinden,
1800. — Capitulation de Cadix, un des hauts faits d'armes
du grand conquérant le duc d'Angoulème, qui ne s'en est
jamais douté, 1823. — Annibal, 183 avant notre ère ★.

4 Victoire de Catinat à Marsaille, 1693. — Miltiade, 489 avant
notre ère ★.

5 Assassinat juridique du général Berton, 1822, entraîné par
des agents provocateurs qui se sont démasqués, les uns à la

cour de Louis-Philippe et les autres dans les sacristies en 1848.

6 Thémistocle; 464 avant notre ère *.

7 Victoire des Français sur les Austro-Russes à Constance (Suisse), 1799. — Héroïque défense de Lille, 1792. — Alfieri, 1803. — Froissard, 1400.

8 Rienzi, 1354.—Anglais à Lorient forcés de regagner en toute hâte leurs vaisseaux, 1746. — Jean Second, 1536.

9 Reprise de Lyon sur les agents des jésuites et de l'étranger, 1793. — Victoire des Français sous la conduite de Soult, sur les Anglais et Espagnols, sous la conduite de Wellington, à Alba (Espagne), 1812.

10 Pompée, 48 avant notre ère*.

11 Victoire des Français, sous la conduite de Maurice de Saxe, sur les Anglais et Hollandais à Rocoux, 1747. — Zwingle, 1531.—Monaldeschi, assassiné sous les yeux et par les ordres de la reine Christine, 1657.

12 Épicure, 270 avant notre ère *.

13 Murat, fusillé par les Bourbons de Naples, 1815. — Prise de Constantine par les Français, 1837.—Virgile, 18 avant notre ère *.

14 Victoire de Napoléon sur les Prussiens à Iéna, 1806.— Gassendi, 1655.

15 Malebranche, 1715. — Kosciusko, 1817. — Vésale, 1564.

16 Marie-Antoinette, épouse de Louis XVI, 1793.— Capitulation de 16,000 Prussiens à Erfurth, 1806. — Socrate, 400 avant notre ère *.

17 Capitulation d'Ulm entre les mains de Napoléon, 1805. — Ninon de Lenclos, la femme libre, 1705 ¡¡¡

18 Leipzig ¡¡¡ défection des troupes allemandes ; Poniatowski, 1813.—Méhul, compositeur, 1817,—Réaumur, 1757.

19 Talma, 1826.

20 Grand sanhédrin des juifs à Paris, 1806.

21 Nelson tué à Trafalgar ; il savait d'avance que quinze vaisseaux français au moins amèneraient leurs pavillons, en dépit de la bouillante indignation de leurs intrépides marins. Seconde édition des manœuvres d'Aboukir, 1805.

8.

22 Les Français obligent Wellington de lever le siége de Burgos
  (Espagne), 1812. — Révolte et soumission du Caire, 1798.
  — Odieuse et ruineuse révocation de l'édit de Nantes, 1655 |||

23 Conspiration de Mallet, 1812 ; grotesque rôle de Pasquier,
  alors préfet de police et plus tard président de la chambre
  des pairs. — Boëce, 526.

24 Tycho-Brahé, 1601.

25 Prise de Berlin par les Français, 1806.

26 Holocauste humain ; Servet livré aux flammes par Calvin,
  1553 |||—L'abbé de Rancé, réformateur de la Trappe, 1700.

27 Lycurgue, 870 avant notre ère *.

28 Charles Degeer, le Réaumur suédois, 1778.

29 Exécution de Mallet et de ses partisans, 1812. — D'Alembert,
  1783.

30 Reddition de l'héroïque ville de la Rochelle, 1630. — Assas-
  sinat juridique de Montmorency, 1632 |||.

31 Les Girondins, 1793.

NOVEMBRE

1 Tremblement de terre à Lisbonne, 1755 ; on en ressentit la
  secousse jusqu'en Suède.

2 Louis le Débonnaire, type des rois de droit divin et partant
  esclaves des prêtres, 833 |||

3 60,000 Espagnols et Allemands sont forcés de lever le siége
  de Saint-Jean de Losne (Côte-d'Or), défendu par 5,000 citoyens et 50 soldats, 1636.—Lescure, général vendéen, 1793.

4 Institution du Directoire, 1795 |||

5 Riégo, 1823.

6 Bernard de Jussieu, 1777. — Exécution de Philippe Égalité,
  1793. — Charles X, mort dans l'exil, 1836.

7 Victoire des volontaires français sur les vétérans autrichiens
  à Jemmapes, 1792. — Capitulation de 16,000 Prussiens à
  Ratkau, 1806.

8 Mme Roland, 1793. — Lancelot (Ant.), 1740.

9 Coup d'État du 18 brumaire an VIII et Consulat, 1799.

10 Milton, 1674. — Bailly, 1793.

11 5,000 Français mettant en fuite 24,000 Russes à Dirnstein, 1805.

12 Gilbert (le poëte), que les dévots qu'il avait servis laissèrent mourir à l'hôpital, 1780.

13 Première occupation de Vienne par les Français, 1805.

14 Leibnitz, 1716.

15 Képler, astronome, 1630. — Suicide sublime de Roland en apprenant la mort cruelle de son épouse, 1793.

16 Victoire et mort de Gustave-Adolphe à Lutzen, 1632.

17 Victoire de Bonaparte à Arcole, 1796. — *Conspiration* dite *des poudres*, ourdie à Londres par la société de Jésus, 1605.

18 Première représentation de l'*OEdipe* de Voltaire, 1718.

19 Le Poussin, 1665. — Le Masque de fer, fils de Mazarin et d'Anne d'Autriche, et frère aîné de Louis XIV, 1703.

20 Découverte de l'armoire de fer aux Tuileries, 1792. — Dugommier, surnommé le *Père des soldats*, meurt dans son triomphe, 1794. — Cardinal Polignac, 1741.

21 Cardinal de Bourbon, un instant roi de France sous le nom de Charles X, 1589. — J.-B. Santerre, 1717.

22 Homère, 980 ans avant notre ère *.

23 Duc d'Orléans assassiné par le duc de Bourgogne, 1417.

24 Victoire des Français sur les Autrichiens et les Sardes à Loano, 1793. — Solon, 1559 avant notre ère *.

25 André Doria, libérateur de Gênes, 1460.

26 Sénèque, 68 *.

27 Lamblardie, fondateur de l'École polytechnique, 1798. — Artevelde (Philippe d'), 1382.

28 Dunois, 1468. — Tournefort, 1708.

29 J.-B. Van Helmont, révolutionnaire en chimie et médecine, 1644 *.

30 Victoire de Napoléon sur les Espagnols à Somo-Sierra (Espagne), 1808. — Maréchal de Saxe, 1750.

DÉCEMBRE

1 Alexandre Ier, empereur de Russie, 1825.— Germanicus, 19
de notre ère ★.

2 Victoire de Napoléon à Austerlitz sur les trois souverains de
Russie, d'Autriche et de Prusse, 1805. — Fernand Cortez,
1554. — Crillon, 1615.

3 Victoire des Français à Bourdits (Catalogne), 1653.

4 Cardinal de Richelieu, 1642.— Prise de Madrid par les Français, 1808.

5 40,000 Napolitains et Anglais mis en déroute complète par
6,000 Français à Civita-Castellana, 1798.—Mozart, 1791.

6 Orphée, 1000 avant notre ère ★.

7 Assassinat juridique du maréchal Ney, 1815.

8 Empédocle, 440 avant notre ère ★.

9 Van Dyck, 1641.—Laubardemont fils, chef de voleurs, 1651.

10 Victoire de Villa-Viciosa, 1710.— Léopold Ier, roi des Belges,
1865.

11 Condé (le grand), 1686. — Charles XII, 1718.

12 Glorieux combat du brick *le Cygne*, 1808.

13 Démocrite et Héraclite, 500 ans avant notre ère ★.

14 Washington, 1799.

15 Arrivée à Paris des cendres de Napoléon à travers une haie
d'un million d'hommes, 1840.

16 Pindare, 436 avant notre ère*.—Alexandre Bixio, 1865.

17 Bolivar, 1830.

18 Vicomte d'Orthez, 1572.

19 Les Anglais chassés de Toulon par le lieutenant d'artillerie
Bonaparte, 1793. — Léonidas et les 300 Spartiates, 480
avant notre ère ★.—Abolition définitive de l'esclavage aux
États-Unis par le Congrès, 1865.

20 Condamnation arbitraire de Fouquet, dépositaire des secrets
de la naissance du Masque de fer, 1664.—Ambroise Paré,
1590.

21 Sully, 1641. — Montfaucon, 1741.

22 Lantara, mort à l'hôpital, 1778.

23 Capitulation de la citadelle d'Anvers, 1832.

24 Assassinat du duc de Guise par ordre d'Henri III, 1588.— Machine infernale organisée par les jésuites et royalistes contre la vie de Bonaparte, premier consul, 1800.— Le président Hénault, 1770.—Vasco Gama, 1524.

25 Jésus de Nazareth, 1. — Charles le Chauve, couronné empereur à Rome, 875.

26 Helvétius, 1771.

27 Tentative d'assassinat d'Henri IV par Jean Châtel, élève des jésuites, 1594.—Assassinat du général Duphot par les sbires de la cour de Rome, 1798. — Ronsard, 1585. — Mabillon, 1707.

28 Pierre Bayle, 1706.—Prise de Spire par les Français, 1793.

29 Expulsion des jésuites comme coupables et instigateurs de l'assassinat d'Henri IV par Jean Châtel ; pendaison des deux jésuites Guinard et Quétet comme complices du régicide Jean Châtel, 1594.—Victoire de Turenne à Mulhouse, 1674. — Montyon, 1820.

30 Borelli, savant observateur, 1679.

31 Daubenton, 1800.

Nº XIX.

GENRE DE MORT

DE

JEAN-JACQUES ROUSSEAU.

J'ai déjà eu l'occasion de vous démontrer la cause de l'infirmité qui a rendu la vie si pénible à cet immortel persécuté, et a pu, en certains cas, imprimer à son caractère ces teintes de bizarreries, dont ses ennemis ont tant abusé contre lui : l'homme qui souffre d'une fonction impérieuse paraît fort bizarre aux bien portants.

Sur de tels faits, je ne reviendrai pas ici; je renvoie mes lecteurs à la source (*), et je retourne à mon sujet de cette année qui, ainsi que les autres qui l'ont précédé, ne manquera pas de nouveauté.

Les trois dernières lettres qui nous restent de la correspondance de J.-J. Rousseau sont à l'adresse de M. le comte Duprat, qui, en apprenant toutes les indignes tracasseries dont ce grand homme était assailli, lui avait offert une hospitalité généreuse en apparence.

(*) *Revue complémentaire des sciences*, tome Iᵉʳ, p. 380; et t. II, page 30 et suiv.

Je n'ai jamais relu ces trois lettres qu'avec attendrissement, et je suis convaincu que les ennemis les plus acharnés du grand homme éprouveront la même impression que moi, s'ils veulent bien les lire en présence, non de leurs amis, mais de leur conscience ; c'est ce qui m'engage à en transcrire les principaux passages :

Lettres de Rousseau au comte Duprat.

Paris, le 31 décembre 1777.

J'accepte, monsieur, avec empressement et reconnaissance l'asile paisible et solitaire que vous avez la bonté de m'offrir, dans la supposition que vous voudrez bien vous prêter aux arrangements que la raison demande et que peut me permettre ma situation qui vous est connue. L'aménité du sol et les agréments du paysage ne sont plus pour moi des objets à mettre en balance avec un séjour tranquille et la bienveillante hospitalité...... J'étais trop fait pour aimer les hommes, pour pouvoir supporter le spectacle de leur haine. Ce douloureux aspect me déchire ici le cœur tous les jours ; je ne dois pas aller chercher à Lyon de nouvelles plaies. Ils m'ont réduit à la triste alternative de les fuir ou de les haïr. Je m'en tiens au premier parti pour éviter l'autre. Quand je ne les verrai plus, j'oublierai bientôt leur haine, et cet oubli m'est nécessaire pour vivre et mourir en paix.

Je ne vois qu'un obstacle à l'exécution de votre obligeant projet : c'est L'INFIRMITÉ DE MA FEMME et la longueur du voyage, qu'il est douteux qu'elle puisse supporter. Cette idée me fait trembler ; il n'y faut pas songer durant la saison où nous sommes. L'hiver, jusqu'ici, ne l'a pas affectée autant que je l'aurais craint ; peut-être aux approches d'un temps plus doux sera-t-elle eu état de faire cette entreprise sans risque.

Paris, le 3 février 1778.

Vous rallumez, monsieur, un lumignon presque éteint ; mais il n'y a pas d'huile à la lampe, et le moindre air de vent peut l'éteindre sans retour. Autant que je puis désirer quelque chose encore dans c monde, je désire d'aller finir mes jours dans l'asile aimable que vous voulez bien me destiner ; tous les vœux de mon cœur sont pour y être. Le mal est qu'il faut s'y transporter. En ce moment, je suis demi-perclus de rhumatismes ; MA FEMME n'est pas en meilleur état que moi ; vieux, infirme, je sens à chaque instant le découragement qui me gagne ; tout soin, toute peine à prendre, toute fatigue à soutenir effarouche mon indolence ; il faudrait que toutes les choses dont j'ai besoin se rapprochassent ; car je ne me sens plus assez de vigueur pour les aller chercher ; et c'est précisément dans cet état d'anéantissement que, privé de tout service et de toute assistance dans tout ce qui m'entoure, je n'ai plus rien à espérer que de moi..... Il n'y a plus que ma femme et mon herbier dans le monde qui puissent me rendre un peu d'activité. Si nous nous embarquons seuls, sous notre propre conduite, au premier embarras, au premier obstacle, je suis arrêté tout court, je n'arriverai jamais..... Au reste, je n'ai nul éloignement pour les précautions qui vous paraissent convenables pour éviter trop de sensations. Je n'ai nulle répugnance à aller à la messe ; au contraire, dans quelque religion que ce soit, je me croirai toujours avec mes frères, parmi ceux qui s'assemblent pour servir Dieu. Mais ce n'est pas non plus un devoir que je veuille m'imposer, encore moins de laisser croire dans le pays que je suis catholique. Je désire assurément fort de ne pas scandaliser les hommes, mais je désire encore plus de ne jamais les tromper. Quant au changement de nom, après avoir repris hautement le mien, malgré tout le monde, pour revenir à Paris, et l'y avoir porté huit ans, je puis bien maintenant le quitter pour en sortir, et je ne m'y refuse pas ; mais l'expérience du passé m'apprend que c'est une précaution très-inutile, et même nuisible, par l'air du mystère qui s'y joint, et que le peuple interprète toujours en mal.....

Paris, le 15 mars 1778.

L'état de ma femme, empiré depuis quelque temps, et qui rend le mien de jour en jour plus embarrassant et plus triste, m'ôte presque l'espoir d'achever et le courage de tenter le long voyage qu'il faudrait faire pour atteindre l'asile que vous nous avez bien voulu destiner. Ce qu'il y a du moins déjà de bien sûr est qu'il nous est impossible de le faire seuls ; MA FEMME, abattue par son mal, se souvient, pour surcroît, des gîtes où l'on nous a fourrés, et des traitements qu'on nous y a faits dans nos autres voyages, lorsque, plus jeunes et mieux portants, nous avions plus de courage et de force pour supporter la fatigue et les angoisses. Elle aime mieux mourir ici que de s'exposer de nouveau à toutes ces indignités ; et nous croyons l'un et l'autre que la présence d'un tiers, ne fût-ce que d'un domestique, nous en sauverait assez pour que nous puissions, armés de douceur et de résignation, supporter le reste. Cette délibération, monsieur, sur laquelle nous n'avons encore eu que des explications très-vagues, est la première et la plus importante, sans quoi toutes les autres sont inutiles.

On voit par les diverses circonstances si tristemen accentuées dans l'extrait que nous venons de donner de ces trois dernières lettres de la correspondance de Jean-Jacques, que M. le comte Duprat n'apportait certainement pas, dans cet échange de lettres, la même bonne foi que J.-J. Rousseau, et que, au lieu de répondre aux craintes touchantes que manifestait celui-ci, par l'offre d'un service si peu coûteux pour un homme de sa fortune, il négligeait beaucoup ce point de vue, et ne s'appliquait qu'à contrarier Jean-Jacques sur sa religion qu'il connaissait fort bien, et sur son nom dont il eût dû être le premier à s'honorer.

Aussi, on ne s'étonnera pas que J.-J. Rousseau ait

9

renoncé, de bonne heure, à profiter des offres d'une aussi ambiguë hospitalité, et qu'il ait préféré être redevable à M. de Girardin, d'une offre plus philosophique et plus conforme à ses goûts, dans le délicieux paysage d'Ermenonville, du reste beaucoup plus rapproché de Paris.

Qui étaient les fauteurs de ces avanies révoltantes, dont Rousseau découragé se plaint d'une manière si touchante.

La police du temps ne peut en être même soupçonnée ; l'homme qui avait écrit la *Nouvelle Héloïse* était béni de toutes les grandes dames de la cour ; Dieu garde qu'un agent eût touché au pan de son habit ! et le philosophe qui avait écrit l'*Émile* avait attiré dans ses croyances tous les cœurs généreux de la noblesse : Jean-Jacques avait compté, parmi ses amis dévoués les Luxembourg, les Conti, les Malesherbes, qui lui étaient restés fidèles dans tous ses malheurs auprès des parlements.

Quant aux philosophes de l'*Encyclopédie*, dont le talent incontestable et incontesté de Jean-Jacques semble avoir motivé une certaine pointe de jalousie, il n'est nullement permis d'admettre de leur part la volonté d'être jamais descendus à de telles bassesses, ni à une telle persistance dans ce genre de persécution. Du reste, l'eussent-ils voulu, qu'ils n'auraient pas pu y suffire ; comment deviner les allées et venues d'un habitant de Paris, sans avoir sous ses ordres une police fortement organisée ?

Mais à cette époque, comme aujourd'hui, il existait une police, à laquelle on ne pense pas plus aujourd'hui qu'à cette époque ; elle a depuis trois cents ans l'art de dissimuler son intervention sous le couvert des événements ordinaires, soit qu'elle persifle, soit qu'elle empoisonne, soit qu'elle poignarde ; jamais ou presque jamais le coupable, n'est cette même Société, qui vous gouverne aujourd'hui, tout aussi bien que sous le règne des Bourbons, à commencer par Henri IV ! Pauvre France qui, en dépit du progrès des lumières, s'est laissé envahir de nouveau par ces Bons Pères, de telle sorte que les fils de la noblesse philosophe et irréligieuse, du temps de Voltaire et de Rousseau, sont devenus dévots jusqu'au cafardage, et jusqu'à envoyer à ces scélérats (c'est ainsi que les représente l'arrêt du parlement de 1762) leurs femmes à dominer contre leurs maris, leurs filles à passionner aux pieds de ces confesseurs et à deux genoux, et leurs enfants à fesser en toute nudité ; tellement que bientôt la moitié de la France menace de leur appartenir corps et biens ; la France, la France de 89, que ces hommes noirs surent transformer en un terrible 93, en dressant par leurs séïdes les échafauds, où pas un seul jésuite n'est monté.

Je viens de vous dire le nom des coupables, et je comprends que bien de mes lecteurs céderont à un instinct de frayeur, à ce nom marqué par la fatalité.

Lorsqu'il vous arrivera de rencontrer une belle âme en butte à tous les revers de la vie, lecteur, je puis en être garant, pensez à ces travailleurs du mal, et vous aurez ainsi toujours le mot de l'énigme ; ce mot est écrit en lettres de sang sur la porte des enfers.

Mais, pour qu'à point nommé il se trouvât, de cette grossière façon, quelqu'un sur la route de l'infortuné Jean-Jacques déguisé même sous un autre nom, un rustre pour l'insulter chaque fois et le poursuivre de mille quolibets, tels que celui-ci : *comment c'est ça, Rousseau? eh! eh! eh!* etc., il fallait bien que quelqu'un d'intime l'eût indiqué d'avance à la police de Jésus ; et ce quelqu'un, l'âme ingénue de Jacques ne l'a jamais cru capable d'une pareille trahison, si ce n'est à l'instant de mourir.

En désignant ce masque, chacun sera étonné que ce grand homme, lui que ses ennemis acharnés taxent chaque jour d'avoir été soupçonneux à l'excès, n'ait pas eu mille fois l'occasion de le prendre sur le fait d'une odieuse félonie. Jamais ce grand homme n'a eu l'ombre d'une idée semblable ; elle lui eût semblé monstrueuse devant Dieu et sa conscience.

Ce monstre pourtant n'est ni plus ni moins que Thérèse Le Vasseur.

De qui Thérèse Le Vasseur devint-elle l'Agent ?

Que fallait-il pourtant à Rousseau pour ouvrir les yeux sur la dissimulation de cette femme, qu'il prit longtemps pour une ingénue, et qui n'a cessé de déjouer son point de vue bien loin des jésuites, les machinateurs de tous ses maux. Car ces gens-là savent toujours cacher la main qui manœuvre sous celle dont on se doute le moins ; et cela pendant qu'ils désignent à la colère d'un philosophe les hommes les plus dévoués et les plus inoffensifs. C'est là une partie de leur sagesse formée depuis trois cents ans, et dont on ne s'est douté réellement que depuis que, dans mes écrits et mes conversations, je n'ai cessé, après 48, de montrer du doigt leurs mains sanglantes, sous le couvert de tout autre, dans les atroces événements que nous avons vus. Le peu que les journaux vous disent de l'intervention de ces hommes, c'est de moi qu'ils le tiennent ; et la plupart, qui sont forcés d'égratigner en apparence ces grands coupables, ne le font que pour avoir l'occasion de sourire de notre *tocade*, expression du *Siècle*, ce qui n'a le pouvoir que de me faire hausser les épaules d'une étrange pitié ; je vous en parlerai ailleurs.

Je reprends l'étude de mon sujet, à l'égard de la démonstration de la part que les hommes noirs ont prise aux malheurs de J.-J. Rousseau.

Vous devez comprendre que dès que Rousseau eut fixé l'attention publique par son premier ouvrage, le discours qui remporta le prix à l'académie de Dijon, la Société de Jésus ne vit pas naître un pareil talent sans mesurer la profondeur de l'abîme qu'il allait creuser sous ses pas ; elle prit, dès lors, dans le silence qui fait sa force active, les mesures nécessaires pour paralyser les efforts de cette puissance nouvelle par les roueries de son jeu de trois cents ans. Elle lui décocha d'abord un cuistre de Nancy, un certain Gautier, que la plume de Rousseau dégoûta pour toujours d'entrer en lice ; puis le roi Stanislas, ex-roi de Pologne, que le jésuitisme avait captivé avec l'appât de ses maîtresses, selon la méthode *Compendium*, et à qui il imposa la plume du père Menou, pour entreprendre, en pénitence, une réfutation royale de ce livre nouveau. Rousseau, avec tout le respect dû au Roi et la malice due à Loyola, releva la réfutation par un tel mélange de courtoisie et de finesse, que le Roi, homme d'esprit et de cœur, dit à son confesseur : *j'ai mon compte, je ne m'y frotte plus.*

Mais à ces moyens perdus, ils en avaient d'autres à ajouter : l'âme abjecte de Thérèse et l'âme avide de la famille Le Vasseur. Rousseau ne tarda pas à découvrir les perfidies de la famille, il ne reconnut la trahison de Thérèse qu'un instant avant sa mort.

Cette Thérèse qui n'inspira jamais d'amour à Jean-Jacques, tant elle était voisine de l'idiotisme, procura à J.-J. Rousseau ce bonheur qu'un philosophe goûte à être écouté, dans ses leçons, par un être qui a l'air de les comprendre ; mais il est facile de voir que de son bonheur, dont il parle d'une manière ravissante, lui seul était complice, et que sa compagne n'en sentait rien :

« Le cœur de ma Thérèse, écrit J.-J. Rousseau (*Confessions, part.* II, livre viii), était celui d'un ange ; notre attachement croissait avec notre intimité..... Si nos plaisirs pouvaient se décrire, ils feraient rire par leur simplicité ; nos premenades tête à tête, hors de la ville, où je dépensais magnifiquement huit ou dix sous à quelque guinguette ; nos petits soupers à la croisée de ma fenêtre, assis en vis-à-vis, sur deux petites chaises posées sur une malle qui tenait la longueur de l'embrasure...... Qui décrira, qui sentira les charmes de ces repas, composés, pour tout mets, d'un quartier de gros pain, de quelques cerises, d'un petit morceau de fromage et d'un demi-setier de vin que nous buvions à nous deux?»

Thérèse un ange ! un ange du diable ! illusion de Jean-Jacques dans laquelle n'entrait pour rien celle qui l'assistait !

La mère de Thérèse, madame Le Vasseur, savait la conduire dans ses voies ténébreuses : « Elle donnait d'assez mauvais conseils à sa fille, dit Jean-Jacques, et faisait de l'argent avec tous les visiteurs de Jean-Jacques, avec tous ses amis.» Sa fille s'y prêtait de bonne grâce et obéissait, comme un mannequin, aux ordres des jésuites. Son frère vola un jour tout le beau linge que Jean-Jacques avait rapporté de Venise ; la mère, sa complice dans ce vol, voulut démontrer que cela n'était pas vrai, et sa fille prit par son silence le parti de la mère. Tout son désintéressement ne l'empêchait pas de suivre la direction de la mère. Jean-Jacques avait beau prier, conjurer, se fâcher ; le tout restait sans succès. La maman le faisait passer pour un bourru ; elle avait avec ses amis des chuchoteries continuelles ; tout était mystère et secret pour Jean-Jacques dans son ménage, et la fille faisait partie de tous ces secrets.

Ne vous fiez jamais à une femme qui n'aura pas le cœur d'une mère ; or Thérèse n'en montra jamais une parcelle de ce cœur ; et maman, qui la soignait, ne la rappela jamais à ses devoirs, qui auraient nui à tous ses petits profits. Ah ! si Thérèse eût dit un seul mot de sensibilité, jamais Jean-Jacques n'eût commis la faute qu'il ne s'est jamais pardonnée. Il eût fallu pour cela que la mère eût été honnête, que son fils ne fût pas un vaurien et un voleur. Or Jean-Jacques, maladif, et ne croyant pas vivre assez pour élever lui-même ses enfants, n'aurait pas préféré les confier à l'éducation civile, au lieu de rougir d'avance de celle que leur aurait donnée ce tas de coquins.

Thérèse faisait, de temps en temps, des confidences intimes à son ami sur les conseils que lui donnait sa mère ; mais je suis persuadé que cela avait lieu par les conseils de la mère elle-même, et pour mieux assurer le double jeu qu'elle jouait ; aussi la fille, aidée de tous les conseillers que Loyola lui fournissait, n'a pas laissé que d'être la cause de toutes les brouilleries survenues à Jean-Jacques, et qui n'ont cessé de faire de sa vie une longue file de souffrances réelles et de récriminations quelquefois hasardées, de part et d'autre.

Philosophes, souvenez-vous de ce que je vous dis : toutes les fois que vous verrez de faux amis vous assaillir, les vrais amis vous abandonner, vos obligés vous payer d'une insigne ingratitude, pensez aux hommes noirs ; c'est parmi eux que vous trouverez tous les mots de ces énigmes.

Nous avons donc sous la main l'agent principal, malgré sa bêtise innée, et même à cause de cette bêtise, de toutes les tracasseries qui n'ont cessé d'affliger Jean-Jacques-Rousseau, pendant le cours de sa longue philosophie, et lui ont fort souvent montré l'humanité sous un côté fâcheux. Le même accident, la même erreur me serait arrivée, si j'avais été entouré de la sorte, et si élevé dans un séminaire, sous le plus grand hypocrite du jésuitisme, le père Sollier, devenu plus tard évêque de Luçon, je n'avais pas appris à démêler, dans mes persécutions, le doigt secret de cet ordre d'infamies, à travers cette cohue d'écrivassiers qui s'attachent à mon nom, pour entreprendre de lui jeter un peu de la boue dans laquelle ils pataugent jusqu'au cou ; braillards, qui cherchent à tromper, sur mon compte, la population qui leur rit au nez.

Je pourrais vous dire à la solde, et par la ficelle de quel prétendant, chacun de ces polichinelles fait aller ses automatiques coups de brette. Mais à travers tout ce vacarme salarié, je n'ai jamais cessé de voir, d'aimer, de soigner la sainte humanité, que tant de fripons titrés livrent à toutes les tortures ; et combien de ces fripons d'aujourd'hui me doivent leur fortune et leur vie. Arrière *la santa canalia !* ouvrez vos rangs devant l'honnête homme, et laissez-moi voir le règne de la justice qui s'avance dans le lointain et qui balayera toutes vos ordures ; elles me puent au nez sous vos beaux oripeaux qui les recouvrent !

O Jean-Jacques ! à ta gloire immortelle il n'a manqué que ce point de vue ; tu aurais été aussi heureux que je n'ai pas cessé de l'être, dans la série de mes combats : Au-dessus des épaules de mes ennemis, j'ai toujours vu cette bénie multitude qui m'écoute, me suit, épouse la religion nouvelle que je lui formule dans mes livres, depuis cinquante ans, du haut de mes sublimes potences.

9.

Mort de Jean-Jacques-Rousseau.

Il est évident aujourd'hui que, lorsque Jean-Jacques refusa l'offre hospitalière du comte Duprat, ce fut à l'instigation de Thérèse qui avait dès lors ses raisons pour ne pas s'éloigner de Paris ; et quoique les documents nous manquent pour préciser la manière dont se fit la connaissance de Jean-Jacques avec M. Réné-Louis marquis de Girardin, colonel des dragons, homme instruit et philosophe, auteur d'un ouvrage sur *l'art d'embellir les jardins* ; il apparaît, comme dans le lointain, une ombre malheureuse qui a pu, en dépit de son rang inférieur, avoir servi d'intermédiaire entre l'offre du seigneur et l'acceptation du philosophe.

Rousseau fut accueilli par M. de Girardin, dans le château d'Ermenonville, comme un ami et en qualité d'instituteur du fils et de la jeune fille de la maison. On respecta ses goûts pour la solitude et son indépendance dans ses goûts : il lui fut donné une petite maisonnette sur la rue, mais attenante du château ; un peu plus tard, on échangea cette demeure pour une autre un peu distante de la première, mais plus isolée du bruit de la rue; et c'est là qu'il est mort !

Mais de quelle mort? ici est le secret que M. de Girardin a gardé rigoureusement, même envers sa propre famille.

Jean-Jacques était heureux, pour la première fois de sa vie : il trouvait la paix du cœur et la liberté, au sein d'une petite famille à élever d'après ses principes ; il

avait chaque jour à son service des sites solitaires
d'une sublime âpreté, pour satisfaire sa passion pour
la botanique ; des sites pour ses méditations ; et des
leçons à donner de littérature et de musique, au milieu
de gens humains et dévoués à ses principes ; ses derniers jours étaient la plus douce consolation de ses
jours de persécutions et surtout des jours plus affreux
encore de ses désillusionnements.... Lorsque, comme
par un coup de foudre, il apprend que cette Thérèse
qui lui avait toujours paru avoir *le cœur d'un ange,*
dans sa jeunesse, et dans ses vieux jours le dévouement
d'un ami, ne redoutait pas de prostituer sa gloire
d'épouse dans les bras du cocher de son protecteur et
de son ami : Horreur, se dit-il sans doute, ô amitié,
où t'es-tu retirée ? est-ce dans le ciel qu'il faut aller
te chercher ?

Madame de Girardin accourt, pour amoindrir les
premiers effets de cette scène : « Oh ! Madame, vous si
dévouée, dans un pareil colloque ! de grâce, allez-vous-
en ! » et il ferme la porte au verrou. Que s'est-il passé
alors ? Dieu seul le sait, et M. de Girardin en a em-
porté le secret dans sa tombe ; je vais essayer de le lui
arracher.

C'était le 2 juillet 1778. Rousseau avait atteint l'âge
de 66 ans : ce malheur le frappait six semaines après
son arrivée et son installation à Ermenonville.

Quel fut le genre de mort ?

Un de ses plus intimes et plus constants amis, qui,
en sa qualité de protestant, a assisté à l'inhumation

de Rousseau, son coreligionnaire, M. Corancez, s'abouche, en arrivant à Louvres, près d'Ermenonville, avec le maître de poste, qui lui dit que M. Rousseau s'était suicidé d'un coup de pistolet. Corancez en parla à M. de Girardin, qui en parut étonné et choqué.

Dans mon excursion à Ermenonville j'ai vu l'endroit où Jean-Jacques Rousseau est mort ; le mur qui n'existe plus avait un lavoir à ses pieds ; les laveuses en assez grand nombre n'ont pas entendu le moindre bruit, et la tradition de cette dénégation s'est conservée dans tout le village ; or les pistolets d'alors n'étaient pas des pistolets de poche et se faisaient entendre d'assez loin.

Madame et indigne Rousseau raconta à Corancez que Rousseau conserva sa tête jusqu'au dernier moment. Il fit ouvrir la fenêtre, ajouta-t-elle; le temps était beau ; il proféra des paroles qui prouvaient la situation de son âme, se jetant avec confiance dans le sein de l'éternité.

Madame de Girardin, de son côté, raconta qu'effrayée de la situation de Rousseau, elle se présenta chez lui, et y entra :

« Que venez-vous faire ici? lui dit-il ; votre sensibilité sera-t-elle, hélas ! à l'épreuve d'*une scène pareille* et de la catastrophe qui doit la terminer ? »

Il y avait une scène projetée entre Thérèse et Rousseau, sur un sujet prévu par M. de Girardin et que Mᵐᵉ de Girardin avait hâte de surveiller : un homme, qui a envie de se suicider, ne prend aucun témoin pour le faire et encore moins son épouse. La catastrophe prévue par Mme de Girardin n'était autre que l'expulsion de Thérèse ou le départ immédiat de Rousseau ; cette femme, une fois démasquée, ne méritait plus un atermoiement. C'est là le seul moyen qui pût entrer dans les habitudes de résignation de Rousseau. Mme de Girardin savait d'avance le genre de catastrophe qui devait arriver ; de plus, Corancez, cherchant tous les moyens d'arriver à la connaissance de la vérité, au sujet d'un homme qu'il n'a cessé d'aimer, s'adressa à Thérèse elle-même, qui lui répondit le 27 prairial an VI (15 juin 1798) de Plessis-Belleville, à 5 kilomètres d'Ermenonville.

Thérèse ne savait pas le moindre mot d'orthographe ; elle dut avoir recours, pour répondre, à quelque écrivain public du village, ou bien à M. le curé, qui lui fit du style pour son argent :

Du Plessis-Belleville, le 27 prairial an VI.

Citoyen, je suis justement affligée des détails que vous donnez sur la mort de mon mari, d'après des propos que vous dites avoir entendus dans une auberge.... mon mari se leva à son heure ordinaire ; il ne sortit point le matin ; il devait aller donner une première leçon de musique à Mlle de Girardin l'aînée..... *nous déjeûnames ; il ne déjeûna point*..... Mon déjeûner fini, il me dit que le serrurier, qui avait fait notré emménagement, demandait son payement. J'allai lui porter son argent. A mon retour, il n'était pas dix heures, j'entendis, en montant l'escalier, les cris plaintifs de mon mari. J'entrai précipitamment, et je le vis couché sur le carreau ; j'appelai du secours, *il me dit de me contenir, qu'il n'avait besoin de personne, puisque j'étais revenue ; il me dit encore de fermer la porte et d'ouvrir les fenêtres ;* ce que j'ai fait ; ensuite j'aidai mon mari de toutes mes forces à se mettre sur son lit ; je lui fis prendre des gouttes de l'eau des Carmes ; lui-même versa les gouttes. Je lui proposai un lavement, il le refusa ; j'insistai, il continua à le prendre ; je le lui donnai le mieux que je pus ; mais pour le rendre, il descendit lui-même et sans MON AIDE du lit, et alla se placer sur la garde-robe. J'allai à lui en lui tenant les mains ; il rendit le remède, et au moment où je le croyais bien soulagé, *il tomba le visage contre terre avec une telle force* QU'IL ME RENVERSA ; *je me relevai*, je jetai des cris perçants ; la porte était fermée ; M. de Girardin, qui avait une double clé de notre appartement, entra, et non Mme de Girardin ; j'étais couverte de sang qui coulait du front de mon mari. Il est mort en me tenant les mains serrées dans les siennes, sans prononcer une parole.

Je vous atteste, j'atteste à mes concitoyens, j'atteste à la postérité, que mon mari est mort dans mes bras, de la manière que je viens de vous décrire ; il ne s'est point empoisonné dans une tasse de café ; il ne s'est point brûlé la cervelle d'un coup de pistolet.

Malheureuse ! la postérité croira ces dernières circonstances.

Mais les premières, non et trois fois non !

Non, Rousseau ne s'est pas empoisonné dans une tasse de café ni autrement ; non, il ne s'est pas brûlé la cervelle d'un coup de pistolet. Mais non, d'un autre côté, il n'est pas mort de la manière que le raconte, dans la réponse à Corancez, sa malheureuse femme ; car tout y est contraire aux premières règles de la médecine rationnelle.

Jamais une attaque d'apoplexie n'a été précédée de tels symptômes alternant avec des actes de santé ; c'est là que je surprends le commencement du mensonge, nous achèverons la conviction plus tard. Concevez-vous, du reste, cette maudite phrase qu'au moment où elle le croyait soulagé, *il tomba le visage contre terre avec une telle force qu'il la renversa.*

Ah ! si M. Louis de Girardin avait voulu révéler son secret à la justice, ce que, par des raisons dont il avait conçu toutes les convenances, pour la mémoire de son ami, il s'est bien gardé de faire, voici ce que la justice aurait dit à cette femme :

— Vous étiez près de lui quand il a perdu connaissance ?

— Oui.

— Donc il n'a pu vous renverser ; à son âge et au vôtre, on n'est pas renversée ainsi, vous mentez donc.

Et la salle entière eût été de l'avis du président...

Mais, qu'à la suite d'une telle chute si bien retenue, Rousseau se soit fait au front une blessure telle que sa femme en ait été couverte de sang, voilà, aux yeux d'un anatomiste, une erreur qui dépasse l'autre de vingt coudées.

Or, de cette blessure au front il nous reste aujourd'hui des témoins et des traces irréfutables :

M. de Girardin, dit Corancez, Mme Rousseau et M. Houdon, sculpteur, qui a moulé sa tête après sa mort, attestent tous un trou au front, occasionné par une chute à la garde-robe. Ce trou, ajoute-t-il, était si profond, que M. Houdon m'a dit à moi avoir été embarrassé pour en remplir le vide avec du coton. Une chute de la hauteur de Rousseau, retenu par sa femme qu'il a entraînée avec lui, peut-elle occasionner un trou aussi profond ?

Non, sans doute ; mais ce trou n'indique nullement

la trace d'un coup de pistolet; car rien n'aurait obligé M. de Girardin à avouer le fait. Le secret qu'il a gardé était celui d'un crime ; voilà le mot lâché.

Plaie sur le front de Jean-Jacques.

Le hasard a fait qu'un jour, à l'hôtel Drouot, mon fils Emile, arrivant à l'instant de la vente du masque qu'Houdon a fait mouler sur la figure de Rousseau, me rendît propriétaire dé cette pieuse relique, avec toutes les pièces authentiques à l'appui. Je me trouve ainsi le troisième propriétaire : d'abord Houdon ; puis, à la vente de Houdon, M. l'avocat Gossuin ; après la mort de M. Gossuin, son épouse racheta ce moule à la vente de ses héritiers; et enfin moi. M. Gossuin en a publié la lithographie, de profil et de face, dessinée par Marin-Lavigne et imprimée par C. Motte ; mon fils Camille a trouvé cette magnifique lithographie chez un marchand assez obscur d'antiquités.

Lorsque le masque m'est arrivé, on distinguait trèsbien quelques poils des sourcils que le plâtre avait détachés.

La trace et l'empreinte de l'enfoncement, sur le centre du front, se dessinent parfaitement. Ce n'est nullement le passage d'une balle qui, du reste, eût fait voler en éclats tout le crâne, ou laissé deux trous bien visibles et opposés; ce qu'auraient remarqué nécessairement et Houdon et les médecins appelés à faire l'autopsie.

Le trou du front est déchiqueté, comme le sont les

coups portés par un marteau ou autre instrument contondant ; l'os du front a cédé sous la force du coup ; on distingue çà et là les éraillures des bords. Le feu n'a pas passé par là, mais le coup du crime ; et M. de Girardin a reculé d'horreur devant ce secret :

ROUSSEAU ASSASSINÉ, A L'AIDE DE SA THÉRÈSE, PAR SON INDIGNE AMANT !!!

Et un amant qui eût été trois fois son fils : horrible et insultant secret dont la preuve se résume ainsi :

Résumé des preuves du crime.

Le matin du 22 juillet 1788, Rousseau est averti de l'indigne conduite de celle qu'il avait élevée à la hauteur de son nom.

Rousseau informe, en rougissant, Mme la marquise de Girardin, de l'ignominie que cette femme lui imprime.

Mme de Girardin accourt, épouvantée, pour assister à la scène qui allait se passer et inspirer du calme à l'ami de sa famille.

Rousseau, la honte au front, la supplie de le laisser seul et ferme le verrou sur elle.

S'il avait eu l'intention de se suicider, il eût commencé par enlever ses papiers, son herbier, pour les confier à M. de Girardin, crainte de les abandonner à la malheureuse qui prostituait ainsi sa gloire ; ensuite il eût ajouté un codicille à son testament ;

Il ne s'est suicidé ni par le poison ni par le feu.

Que devait faire cette indigne Clytemnestre avec son plus indigne Égisthe ?

Se débarrasser du témoin de leur honte, par un crime !!!... mais le coupable ne mesura pas la force du coup.

Les deux scélérats comptaient sans doute sur l'horreur du crime qui devait commander le secret à M. de Girardin. Celui-ci permit tous les commentaires et le garda; il crut agir ainsi dans l'intérêt de la gloire de son ami.

Il permit seulement au sculpteur Houdon de prendre le masque de Rousseau, que nous possédons et qui *atteste le crime.*

Époque de la hideuse liaison de ces deux bandits.

Il est avéré que la liaison date d'une époque antérieure au départ de Jean-Jacques pour Ermenonville.

Thérèse fit tout au monde pour que Rousseau n'acceptât pas l'invitation du comte Duprat, en menaçant de ne pas le suivre; ce voyage eût interrompu ses criminels rapports.

Ce fut, sans doute, sur les commérages de son cocher, que M. le marquis de Girardin apprit la situation embarrassée de son ami; et qu'il crut trancher la difficulté en lui offrant l'hospitalité dans sa terre, avec le titre de gouverneur de ses enfants.

Punition du crime.

M. de Girardin attendit deux mois, crainte de donner l'éveil à l'opinion, avant de chasser cet ignoble couple; Thérèse se retira au Plessis-Belleville, à une lieue d'Ermenonville, où elle épousa son complice.

Écoutez-la dans sa lettre à Corancez :

Mon mari (*Rousseau*) mort, OUBLIANT TOUT CE QU'IL M'AVAIT DIT, je me jetai dans les bras de l'homme qui s'était prosterné devant moi (*style d'un écrivain public*); je lui ai remis tout l'argent comptant qui était dans la maison; je l'ai laissé s'emparer des manuscrits, de l'herbier, de la musique et de tous les objets qui composaient notre avoir.

Aussi rapide dans sa course que l'aigle dans son vol, cet homme a été à Genève, et sans me consulter, sans me donner le temps de me reconnaître, il m'a vendu tous mes effets, moyennant des lettres de change qui n'ont pas été payées, et sur lesquelles J'AI DEPUIS TRANSIGÉ EN ACCEPTANT UNE RENTE VIAGÈRE.

Ainsi Égisthe n'était qu'un voleur ! Vous venez de l'entendre en style lyrique du même écrivain.

Comprenez-vous un tel langage ? Dans le commencement de la phrase, Égisthe était un voleur; et sur la fin cet homme n'a pu agir que de concert avec elle.

Le complice lui rend en assignats l'argent dont il s'était emparé; il ne lui restait (*sic*), pour vivre, que la modique rente viagère sur les particuliers de Genève, difficilement payée; et la pension de 1,500 livres, que, en suite de la motion de Mirabeau, indignement trompé sur le compte de cette scélérate, la Convention nationale avait votée, avec respect, à la veuve de Jean-Jacques Rousseau ! ! !

La Convention ignorait tout le reste.

Mais la veuve indigne de Jean-Jacques évita de se montrer à l'apothéose du grand homme; et après avoir tendu la main à quiconque a voulu se laisser tromper par elle, elle est morte méprisée et méprisable au Plessis-Belleville.

Visite à Ermenonville.

Le jeudi, 23 septembre dernier, croyant pouvoir arriver à Ermenonville par cette voie, nous nous rendîmes, avec une partie de ma famille, à Montmorency. Nous nous étions trompés ; nous allâmes visiter cependant l'Ermitage, ancienne possession de Mme d'Épinay, qu'a habité un instant Jean-Jacques. Tout parle de Jean-Jacques autour de ce lieu : les auberges et les guinguettes. Mais l'Ermitage a été démoli. Le vandalisme des jésuites exerce ses ravages un peu partout : ce lieu, consacré par la vénération publique, a été remplacé par une élégante habitation, dont l'entrée nous a été interdite.

Nous en sommes revenus le soir avec ce regret.

Le 28 septembre suivant, nous prîmes le chemin de fer du Nord pour Plessis-Belleville. Là point de voiture pour Ermenonville qui est à la distance de cinq kilomètres, sans que vous rencontriez les traces d'un mur dans tout l'horizon. Nous arrivons enfin à pied au charmant village ; et nous débarquons chez des très-braves gens, à l'auberge de la Croix d'Or, tenu par M. Gendron, dans un petit salon propret, et dont la porte, peinte par un décorateur habile, renferme quatre médaillons représentant de charmants points de vue du pays, les deux supérieurs peints par M. Bazin, les deux inférieurs peints par MM. Charpentier père et fils ; car une foule d'artistes vont s'installer chez M. Gendron, une partie de la belle saison. ◄

On a la complaisance d'aller nous chercher un guide de confiance, pour visiter les lieux ; et ce, ou plutôt cette guide très-instruite, n'est autre que la nourrice de la dernière fille de M. Réné de Girardin, le Sénateur et le propriétaire par héritage d'Ermenonville.

Ce qui m'attirait spécialement à Ermenonville, c'était le désir de voir le buste de Jean-Jacques conservé au salon du château.

M. de Girardin était au château ce jour-là ; j'ai craint de commettre une indiscrétion en lui demandant cette bonne fortune ; mais j'ai appris de mon guide que c'était un buste en marbre de Rousseau à son lit de mort, avec une cicatrice à la tempe.

Évidemment ce buste a été fait ou par un sculpteur autre que Houdon, ou bien par Houdon, sur les ordres de M. de Girardin, et dans l'intérêt du secret qu'il avait juré de garder.

J'ai vu là première maison habitée tout d'abord par Rousseau ; son tombeau dans l'île des Peupliers et sur le grand étang ; la place où, en face de l'île, vint se donner la mort un jeune inconnu ; la cascade de l'Aunée qui se jette dans la Nonette, laquelle se jette dans l'Oise ; j'ai grimpé les quatre-vingts mauvaises marches, en fragments de grès, au sommet desquelles Jean-Jacques allait méditer sous une chaumière qui domine le désert, véritable terrain des rochers de Fontainebleau ;

sublime nature où l'on serait tenté de se croire seul ; mais ce que nul ne pourra revoir, c'est la maisonnette de la porte d'entrée, où Jean-Jacques a reçu la mort : Comme l'Ermitage, à Montmorency, elle a été démolie et non remplacée ; on ne voit plus que le lavoir qui en mouillait la muraille.

Traces des monuments de la philosophie, vous disparaissez ainsi chaque jour du beau pays de France !

Appel à la France vraie.

Vous vous souvenez sans doute, mes chers lecteurs, de ce que je vous ai dit, à la page 152 de l'*Almanach* pour 1867, au sujet de l'ingratitude de la France :

Du grand Voltaire, du grand Rousseau, il ne reste plus qu'un souvenir dans les caveaux du Panthéon : Les cannibales du catholicisme, les membres de la société de Jésus, ont eu le pouvoir d'enlever, nuitamment, les restes de ces deux hommes immortels, et d'aller les enfouir sur les bords de la rivière, à Ivry ; la France le sait, et elle n'a pas songé à réparer cette infamie, en allant rechercher ces restes vénérés, pour les restituer aux deux tombeaux du Panthéon qui les attendent encore.

Savez-vous comment on a déjoué les vœux de la véritable France ? En jetant quelques sous dans la sébile, que l'excellent masque de M. Havin leur a tendue, pour ériger une statue à Voltaire ! et cette statue n'est en définitive que la reproduction de la statue de Houdon ! et tout a été dit.

Quant à Rousseau, silence du gazetier du *Siècle*, et silence de ses souscripteurs!!!

Mânes des deux grands hommes, pardonnez à mon pays, il est encore pour quelque temps à sa crise d'ingratitude.

Comment j'ai réparé, en partie bien minime, ma part d'ingratitude forcée par mes humbles moyens.

J'ai tiré le moule de JEAN-JACQUES ROUSSEAU de son reliquaire, que Houdon lui avait dressé dans son cabinet, et qu'avait conservé son deuxième propriétaire, M. l'avocat Gossuin, et ensuite son épouse; et le 1er janvier 1868, je l'ai transporté dans un cénotaphe qui occupe la plus belle place de mon salon.

C'est un tombeau imitant le marbre noir; la porte s'ouvre, il s'en échappe un faisceau de rayons de lumière.

Au-dessus, on voit, montant à l'immortalité, la figure de Rousseau, couronnée d'une guirlande de pervenche et dardant des rayons d'or. Elle est emportée vers les cieux par deux génies, l'un tenant la plume et l'autre la lyre qui l'ont immortalisé; ils s'envolent dans des flots de nuages, d'où s'échappe une guirlande de pervenche, souvenir de ses plus beaux jours.

Le monument est de hauteur d'homme, portant le peu qui reste de ce que fut l'homme de la nature et de la raison; il est en chêne sculpté et peint par mon fils Benjamin avec le respect de son père.

Enfants de la nouvelle génération! levez-vous donc

pour rechercher, de proche en proche, les restes que la Convention, la Grande, avait transportés, dans la splendeur auguste d'un cortége enthousiaste, au Panthéon, le jour où la patrie venait de le dédier aux grands hommes.

Enfants! enfants! n'imitez pas vos pères que Loyola a pervertis. Employez un de vos décadis à porter vos saluts d'abord à l'Ermitage, à Montmorency, ensuite un autre à Ermenonville, par Plessis-Belleville, ou par Dammartin. Écoutez en silence la tradition de ce bon petit village, que vous transmettra votre guide; et, sous l'influence de l'ombre de Jean—Jacques, vous retournerez à Paris, grandis pour l'amour de la vertu qui fait la liberté laborieuse, et pour l'amour de l'humanité qui abhorre le règne de la souffrance, et qui préfère souffrir plutôt que de rendre souffrance pour souffrance : Dès ce moment, vous vous trouverez tout disposés à pardonner le méchant qui n'est qu'un fou à améliorer, et à briser les instruments de guerre entre les peuples et surtout entre les citoyens de la même patrie.

Malédiction contre quiconque verse méchamment le sang d'un citoyen !

F.-V. Raspail.

N⁰ XX.

CITATIONS INDUSTRIELLES

ET AUTRES.

Association contre les maladies.

Ce que je vais vous dire n'est pas nouveau ; car cela date de 100 ans, du 28 octobre 1770. L'idée en était due à M. DE CHAMOUSSET, citoyen estimable de cette époque, qui avait toujours consacré son temps, ses talents et sa fortune à divers projets utiles.

Il y avait près de vingt ans qu'il avait répandu l'idée d'une maison d'association pour Paris, où les souscripteurs auraient trouvé, en maladies, les secours les plus variés, les plus abondants et les plus soutenus. Ce plan ne s'exécuta pas, tant les bonnes idées sont lentes à prendre racine sur le sol français.

Mais, vingt ans après, l'auteur remania son projet et le rendit plus praticable et plus étendu ; et cette fois il eut soin de le rendre plus attrayant pour la cupidité, ce mobile de toutes nos actions.

L'auteur développe d'abord de quelle haute importance serait, pour un royaume, une pareille compagnie d'assurance, bien préférable à celles qui n'ont pour objets que les naufrages et les incendies.

Il fait observer que l'expérience et l'observation des plus célèbres médecins constatent que, sur cent personnes, il n'y en aura jamais, dans le courant d'une année, que douze malades d'un mois, ou vingt-quatre de quinze jours ; et qu'ainsi un lit, dans les douze mois de l'année, fait face à l'engagement pris vis-à-vis de cent personnes. Il déduit quelques classes d'établissements, sur ces hypothèses ; savoir : à 20 sous, à 40 sous, à un écu et à 5 livres par mois ; d'après le nombre donné, il trouve une recette totale de 576,000 livres. Il fait, d'une partie, une loterie au profit des souscripteurs et le surplus tourne tout en bénéfice pour les actionnaires.

M. de Chamousset ne veut pas que les actions soient à plus de 200 livres, en sorte qu'il y aurait 3,000 actions.

On voit ainsi que les meilleures idées ne datent pas d'aujourd'hui.

Que de découvertes utiles nous avons perdues de vue.

Vers le 1er mai 1774, le nommé SAMUSEAU obtint un privilége du Roi, pour une composition de son invention qui préservait de la rouille toutes sortes de métaux. L'Académie des sciences lui donna une approbation complète. Cette composition brillante n'était susceptible d'aucune odeur et s'adaptait tellement à l'objet qui en était empreint, qu'elle était à l'épreuve des coups de marteau ; elle s'employait pour les fusils, les pistolets, et les garantissait des injures de l'air.

Autre invention.

En 1773, le nommé LORIOT, machiniste connu par plusieurs inventions ingénieuses et mécaniques, avait trouvé aussi un mastic également à l'épreuve de la pluie et de la chaleur.

D'après les expériences faites, Sa Majesté avait acheté ce secret moyennant un contrat de cent mille francs, à 4 0/0 d'intérêt.

Les architectes du Roi ne voulurent pas le faire connaître avant de l'avoir employé pour les maisons royales; et le secret ne dut être divulgué qu'alors.

Autre invention de cette époque.

Le 20 janvier 1774, six commissaires de l'Académie des sciences se transportèrent auprès du Pont-Royal, vis-à-vis la rue de Beaune, pour assister à l'expérience d'une nouvelle machine, à l'aide de laquelle l'inventeur pouvait rester sous l'eau pendant au moins une heure, sans conserver aucune communication avec l'air extérieur. Au sommet de la tête étaient deux tuyaux, l'un sur l'autre, avec un conduit de cuir, à chacun, du diamètre d'une grosse bougie et d'environ quatre pieds de long, qui allaient aboutir à une boule de cuivre. Cette boule avait un ressort que l'on montait, au moyen duquel l'air y contenu, poussé par le canal inférieur, allait se rendre à la bouche du plongeur, et celui qu'exhalaient ses poumons, plus raréfié, se portait en haut et retournait par le conduit supérieur au récipient, c'est-à-dire à la boule de cuivre, où il se recomposait et revenait de nouveau à la bouche.

Abeilles apprivoisées et dociles aux commandements.

Le 26 février 1774, le sieur WILDEMAN transporta à la foire de Saint-Germain sa petite ménagerie d'abeilles, et les fit jouer au grand étonnement de tout le monde. Il ajouta qu'il pourrait leur faire prendre cinquante positions différentes et chacune dans deux minutes ; refaire les mêmes expériences avec tel essaim qu'on lui présenterait, même avec des guêpes ou autres mouches des plus méchantes, et qu'il les apprivoiserait en cinq minutes, sans qu'il y eût le moindre danger d'être piqué. La salle même était disposée de manière que les insectes ne volaient jamais du côté des spectateurs, et qu'on n'avait nulle crainte d'en être incommodé.

Ce merveilleux tenait évidemment à la combinaison d'un appareil aimanté.

Automate qui mit en défaut toute la sagacité de Vaucanson.

Jacques Drotz, jeune homme de vingt-deux ans, du comté de Neufchâtel, en Suisse, attira, vers le mois de janvier 1775, tous les curieux de Paris par l'exposition de plusieurs figures automates, dont une surtout faisait le désespoir des artistes.

C'était le mannequin d'un enfant de deux ans assis sur un tabouret, devant un pupitre et écrivant sur du papier ordinaire. Cet enfant trempait sa plume, secouait l'encre et écrivait tout ce que le spectateur lui dictait. Il plaçait convenablement les lettres initiales ou majuscules ; il laissait l'intervalle d'usage entre les mots ; il passait d'une ligne à l'autre avec le même ordre et les yeux fixés sur son ouvrage pendant qu'il écrivait. Quand il avait fini sa copie, il la déposait sur un exemplaire à côté de lui, comme s'il regardait s'il l'avait bien écrite.

Le fameux Vaucanson assista à ce spectacle ; il resta étonné de l'exécution précise et rapide d'une telle machine qui n'offrait aucune communication apparente avec son auteur. L'étranger lui offrit de lui développer la structure de son automate ; l'académicien s'y refusa, se proposant, sans doute, de résoudre lui-même le problème.

10.

Railleries de M. de Pontchartrain, ministre de Louis XIV, sur le titre de *Monseigneur* que s'arrogent les évêques.

Mme de Maintenon écrivait au cardinal de Noailles : « Je dînais, il y a quelques jours, chez M. de Pontchartrain ; il s'amusa à faire les railleries les plus aigres sur le titre de *Monseigneur* que se donnent avec humilité les évêques de tous les genres. Il disait que saint Ambroise et saint Augustin ne s'étaient jamais permis de se faire appeler ainsi; or qu'étaient nos évêques en comparaison de ces pères de l'Église ? »

Pardon au libertinage, pourvu qu'on ait de la religion.

La même veuve de Scarron et de Louis XIV, en parlant de l'abbé Testu, disait avec l'accent de sa piété ordinaire : « Je lui dois ce témoignage que, dans le temps de sa vie où il était le plus dissipé et noyé dans le commerce des dames, je l'ai toujours vu droit, sincère et même sévère sur la religion. »

Haine que professait le jésuite le Père de La Chaise, contre les dévots.

Cela vous étonnera, sans doute, mais c'est encore

Mme de Maintenon qui nous en instruit. D'abord elle écrivait au cardinal de Noailles : « On a parlé au roi du père Emerique pour être son confesseur : « Comment, répondit le père La Chaise, mais c'est un monstre ; il a le plus grand défaut de tous les défauts, défaut éclatant, défaut exclusif... il est dévot ! et la dévotion ne sied guère mieux à un confesseur qu'à un évêque. » Voilà, Monseigneur, où nous en sommes encore, grâce à ce *bon père*. »

« Ne tâcherez-vous pas, lui dit-elle ailleurs, de guérir le père de La Chaise, ou du moins de le faire rougir de cette maxime, que les dévots ne sont bons à rien. La maxime du bon père est générale, elle tombe sur les dévots et semble dire que la pratique de l'Évangile rend imbécile et sot. Cette maxime est soutenue publiquement par lui ; vous pourriez lui en parler librement. » (Lettre 35e de Mme de Maintenon au cardinal de Noailles, 25 décembre 1695.)

La veuve de Scarron ne connaissait sans doute pas le *compendium* des jésuites. Du reste, elle défendait Mme Guyon et Fénelon, son ami, et elle détestait autant les jésuites par elle-même, que les jansénistes qu'abhorrait Louis XIV ; ce qui lui suffisait pour qu'elle les abhorrât par soumission.

Catéchisme des Christicoles, an VI (1798).

Vous allez vous effaroucher sur le mot de christi-
cole ; c'est le curé Meslier qui l'a créé. Ce mot peut
se rendre par celui d'adorateur du Christ.

Ce livre est un tout petit in-12, de 108 pages et
4 pages d'épître ; il est plein de sens et pourrait être
reproduit aujourd'hui pour la réforme de l'esprit des
campagnes. Les demandes sont presque aussi courtes
que les réponses, et la réponse a la force d'un trait.
Le catéchisme est terminé par un hymne à l'Être suprême, qui nous paraît un chef-d'œuvre d'éloquence
par invocation, et que nous n'hésitons pas à attribuer à
Sylvain Maréchal ou à l'un de ses meilleurs disciples.
Nous allons en extraire quelques fragments :

Hymne à l'Être suprême.

Oh ! toi par qui j'existe, toi dont mes lèvres n'osent
prononcer le nom sublime et ineffable, Être éternel,
qui vois rouler sous ton trône immobile le torrent des
siècles et des générations humaines, et devant qui
s'anéantissent, comme une ombre, les vains simulacres
qu'adore la stupide crédulité du vulgaire ! Tu n'es pas
pour moi le Dieu des *armées,* le Dieu *jaloux,* le Dieu
des *vengeances,* comme a osé t'appeler, dans sa pieuse
frénésie, le mortel qui t'a fait à son image...

Par où commencerai-je ta louange ? J'ouvre la bouche, et ma langue enchaînée ne trouve plus que des expressions faibles et traînantes ; la gloire est ta couronne, l'univers est le marche-pied de ton trône ; la foudre et les tempêtes tombent du froncement de ton sourcil, et l'aurore est ton sourire.... Tel qu'un cercle infini, ton existence éternelle ne connaît ni le passé, ni l'avenir ; tu es avant les temps, tu es quand les temps cesseront, et jamais tu ne fus, ni ne seras..... C'est au milieu d'un concert unanime de tous les êtres que je t'adresse ma voix.... Quand mon âme, planant au delà de tous les cieux, au delà des mondes sans fin et de l'empire des êtres créés, veut percer le nuage qui t'enveloppe pour s'élancer vers le sanctuaire où tu habites ; repoussée vers la terre et anéantie sous le poids de ta grandeur, elle ne voit plus qu'un océan sans rivages, qu'un abîme sans fond où elle se perd, s'oublie dans son ravissement, ne sent plus, n'existe plus et nage comme un atome dans ton immensité..... Oui, je le sens au noble orgueil qui se réveille en mon sein ; il me dit, en m'offrant cette vaste étendue des cieux comme un point trop resserré pour te contenir, que le seul trône digne de toi est le cœur du juste et de l'homme de bien.

Occupé tout entier du soin d'anoblir mon cœur par la vertu, d'enrichir mon esprit par les talents, de multiplier mon être par les jouissances célestes de l'amitié, et de répandre mon âme dans tout ce qui m'environne par les charmes de la bienfaisance et des plaisirs purs, je reculerai les bornes étroites de mon existence et lui donnerai toute l'extension qu'elle peut recevoir..... Et quand la froide vieillesse amènera l'heure de restituer ma dépouille aux éléments et d'aller, sous une autre forme, servir à l'embellissement de l'univers, je rendrai à la nature mon âme meilleure que tu me l'as donnée.

Alors, exempt de folles terreurs qui tourmentent le sot ou le méchant, ma dernière pensée s'élèvera vers toi, et mon dernier sentiment sera celui de l'amour et de la reconnaissance. Je te remercierai de n'avoir pas vécu en vain, d'avoir révélé à ma jeunesse le secret du bonheur qui devait être le fruit d'une tardive expérience, et d'avoir placé ma vie dans le plus beau de tous les âges et la plus belle patrie de l'univers ; de m'y avoir fait jouir des siècles futurs, en assistant à l'aurore de ce grand jour qui doit, pour nos neveux, éclairer dans son midi tous les peuples du monde..... Et s'il est vrai qu'après la désunion de l'argile merveilleuse dont tu m'as composé, il reste encore quelques étincelles de ce feu céleste qui l'anima, et qui, dans ses transports hardis, se crut une émanation de ta divine essence, je revolerai vers l'élément d'où je suis sorti, pour y jouir de toi dans un embrassement éternel.

FIN.

TABLE DES MATIÈRES

Paris, Imprimerie Paul Dupont, rue Jean-Jacques-Rousseau, 41.